岩波講座 基礎数学

可 換 環 論

監修

小平邦彦

編集

岩堀長慶
*河田敬義
藤田　宏
小松彦三郎
田村一郎
服部晶夫
飯高　茂

岩波講座　基礎数学

代　数　学 iv

可　換　環　論

飯　高　　茂

岩　波　書　店

目　　次

第3章 偏極多様体の構造(藤田の理論)

はじめに

本講の目的は，可換環の一般的概説をすることではない．“代数幾何学 I，II，III”で省略したいくつかのテーマ——正則列，Cohen-Macaulay 環，Serre の双対律——について，その基礎理論をのべ，さらに，これらを応用しつつ，射影多様体の構造論の初等的部分をのべることが目標なのである．

基礎を環論におくとはいえ，全体に幾何への偏重が見られ，随処に“代数幾何学 I，II，III”を引用しているから，この“可換環論”は，むしろ，“代数幾何学 IV”として理解されるべきであろう．

第1章，第2章は，全面的に

A. Altman, S. Kleiman: Introduction to Grothendieck duality theory, Lect. Notes in Math., 146, Springer (1970)

に依存して書いた．われわれの目的は，Cohen-Macaulay 多様体の Serre の双対律の証明を予備知識なしに，また能う限り簡潔に記すことであり，著者の創意は求むべくもない．

後半部は，射影空間への埋め込みを指定した代数多様体（それは，偏極多様体として一般化される）の構造理論を，藤田隆夫の修士卒業論文：

偏極多様体の Δ 種数について（東京大学，1974 年）

に従って論じた．さらに藤田の諸論文：

On the structure of polarized varieties of Δ-genera 0，東大理学部紀要 22 (1975), 103-115,

On the structure of polarized varieties of Δ-genera one, I プレプリント，

Defining equations of certain types of polarized algebraic varieties, 複素解析と代数幾何（英文論文集），岩波書店 (1977), 165-173

等をも参照した．藤田の修士論文は 230 ページを越える大部のものであり，そこで彼の独創になる構造の理論が展開されている．本講で紹介できるのは，その一小部分にすぎない．さて，このような素材を用いて基礎数学の一巻をつくることは果して妥当であろうか？　代数幾何学関係としては，より基礎的道具立にペー

ジをさき，その上に展開される諸理論は，専門論文にゆずるべきだ，という主張にも一理あるだろう．しかし，代数幾何学を代数多様体の幾何学として理解する以上，道具の整備，基礎づけのための基礎にのみ精力を費やすべきではあるまい．むしろ，幾何学的精神をもって，幾何学の美に酔える幾何の理論を展開し，それによって，読者が代数幾何学に親しみ馴じむのがよいと思ったのである．

藤田の理論は，一口で言うと，古典的な射影幾何学を現代的手法のもとに蘇生せしめ新しい劇的な発展をもたらそうというものである．扱われている題材は素朴であり，幾何学的単純さにみち，直観に訴える質のものである．

前世紀から今世紀にかけて栄えた代数幾何学は，イタリアの義兄弟 G. Castelnuovo, F. Enriques による代数曲面の分類理論で頂点に達する．後は次第に不透明な知識の集積になり下がり，衰亡の途を辿った．この腐臭を放つようになった射影幾何的代数幾何学の流れとは無縁のところで，本来の代数幾何学の現代数学的基礎づけが何回も行われ，いくつかの成功物語が産まれ語り継がれたのであった．そこでは直観的推理力のみに頼ることはできない．記述する上で，それらは抹消され，抽象代数的手法の数々が大手をふって罷り通る．厳密化がなされるとき，直観力は失われるのであろうか？ 否，むしろ直観力が武装されるのである．直観力の行使は，かつて M. Noether や，イタリアの義兄弟のごとき天才にのみ許されていたが，代数幾何学の基礎的手法が厳密に確立された今日，凡人にもそれが誤りなく使えるようになった．言葉をかえていうと，直観による推理の当否を自らチェックできるような土台ができたのである．これこそ，現代数学の恩沢であり，慈悲深さである．

第3章では，このような意味での，古典的射影幾何学復興の息吹にふれることを意図した．藤田の修士論文にある‘埋入定理’の証明は，きわめて長く複雑である．それは彼自身によって著しく簡易化された新証明を与えられた．しかし原証明も極めて興味深く，そのため20ページ以上が消費されるが，もし読者諸兄が忍耐をもってその証明を追い，読み通したなら，深い感動がため息ともども出てくるに違いない．このような証明は読み切るだけでも一仕事である．こういうものを小部分にはめ込んだ論文が，23歳の青年の卒業論文であった．

各章節の関連は次の通り，ただし ⟶ は強い関連，----→ は弱い関連を意味する．また

(　)は後の章で使われない孤立した話題であることを示唆する．Ⅰ，Ⅱ，Ⅲは，本講座“代数幾何学Ⅰ，Ⅱ，Ⅲ”を示す．

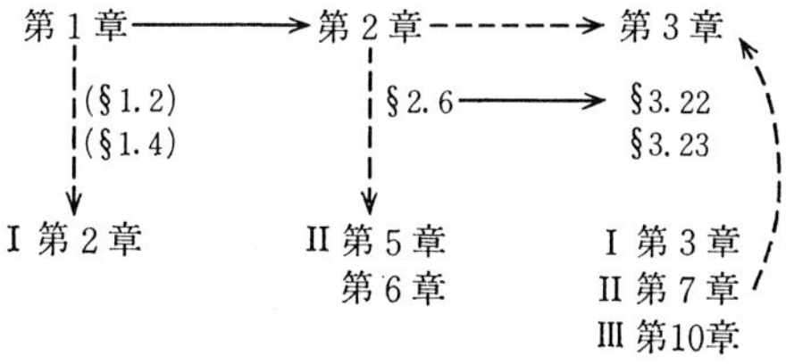

第1章　正則列と Cohen-Macaulay 環

§1.1　加群の付属素イデアル

a) “代数幾何学 I ”(以下，I として引用する．II, III もそれに準じる) では，Noether 環 A のイデアルの準素(イデアル)分解の理論を仮定した．それは有限生成 A 加群 M を一つ固定するとき，M の部分 A 加群 N を M に関して準素な (N を含み，かつ M に含まれる) A 加群らの共通部分として表す，という形に一般化される．その議論はやや繁雑であるが，一応の概略をのべ，I の補いにもしたい．

b) 以下 A を環の記号として固定する．M, N は A 加群の意味に用いる．$x \in M$ に対し，x 倍という A 準同型 $\cdot x : A \to M$ が定まる．すなわち，$a \in A$ をとるとき $\cdot x(a) = ax$ とおくのである．同様に，$\cdot a : M \to M$ が定まる．

さて，A の素イデアル $\mathfrak{p}$ は或る $x \in M$ によって，$\mathfrak{p} = \mathrm{Ker}(\cdot x)$ と書けるとき，M の**付属素イデアル** (associated prime ideal) とよばれる．それは $A/\mathfrak{p} \hookrightarrow M$ なる素イデアル $\mathfrak{p}$ ともいいかえられる．

$$\mathrm{Ass}\, M = \mathrm{Ass}_A\, M = \{M \text{ の付属素イデアル}\}$$

と書く．M がイデアル $\mathfrak{a}$ により $M = A/\mathfrak{a}$ と書かれているとき，I, §2.10 により

$$\mathrm{Ass}\,(A/\mathfrak{a}) = \{\mathfrak{a} \text{ の素因子}\}$$

となることに注意しよう．重要なのは，むろん，A が Noether 環，M が有限生成 A 加群の場合である．

定理 1.1　A が Noether 環，M が有限生成 A 加群のとき，

(i)　$\mathrm{Ass}\, M = \phi$ なるための必要十分条件は $M = 0$,

(ii)　$a \in A$ をとるとき，$\cdot a : M \to M$ が単射になるための必要十分条件は $a \notin \{\bigcup \mathfrak{p}\,;\, \mathfrak{p} \in \mathrm{Ass}\, M\}$.

証明　(i) の $\Longrightarrow$ を示す．$M \neq 0$ とする．当然，0 でない $y \in M$ がある．$Ay \subset M$ である．そこで，$\mathfrak{a} = \mathrm{Ker}(\cdot y)$ とおこう．$y \neq 0$ だから，$\mathfrak{a} \neq A$. そこで $\mathscr{F} = \{\mathrm{Ker}(\cdot y)\,;\, y \neq 0 \in M\}$ とおくと $\mathscr{F} \neq \phi$ であり，A が Noether 環だから，$\mathscr{F}$ には

極大元が存在する．それを I と書くと，I は素イデアルになる．なぜならば，$ab \in I$, $a \notin I$ としよう．すると，$I=\mathrm{Ker}(\cdot y)$ となる y に対して，$ay \neq 0$．よって，$\mathrm{Ker}(\cdot ay) \supset \mathrm{Ker}(\cdot y)=I$．極大性により，$\mathrm{Ker}(\cdot ay)=\mathrm{Ker}(\cdot y)$．$b \in \mathrm{Ker}(\cdot ay)$ だから，$b \in I$．よって $I \in \mathrm{Ass}\, M$，すなわち $\mathrm{Ass}\, M \neq \phi$．一方，$M=0$ ならばもちろん $\mathrm{Ass}\, M=\phi$．

(ii) を示そう．a が或る M の付属素イデアルに入れば，定義から明らかに $\cdot a$ は単射でない．逆に，$\cdot a$ が単射でない $a \in A$ をとってみよう．$x \neq 0 \in M$ があって $ax=0$ を満たす．$Ax \neq 0$ だから (i) によると，$\mathrm{Ass}(Ax)$ の元 $\mathfrak{p}$ がある．すなわち，$bx \in Ax$ によって，$\mathfrak{p}=\mathrm{Ker}(\cdot bx)$ と書ける．$a \cdot bx = ax \cdot b = 0 \cdot b = 0$ によって，$a \in \mathfrak{p}$．∎

c)　補題 1.1　N を M の部分 A 加群とするとき，

$$\mathrm{Ass}\, N \subset \mathrm{Ass}\, M \subset \mathrm{Ass}\, N \cup \mathrm{Ass}(M/N).$$

証明　右側の $\subset$ を示そう．$\mathfrak{p} \in \mathrm{Ass}\, M$ をとると，$A/\mathfrak{p}$ は或る $x \in M$ により $Ax \subset M$ と書かれる．$L=Ax \cap N$ とおく．

(1)　$L=0$ のとき．第2同型定理によると，$A/\mathfrak{p}=Ax=Ax/L=N+Ax/N \subset M/N$．したがって，$\mathfrak{p} \in \mathrm{Ass}(M/N)$．

(2)　$L \neq 0$ のとき．$0 \neq \bar{y} \in L$ を一つとり $\bar{y} \in N$ とみる ($y \in A$, $\bar{y}=y \bmod \mathfrak{p}$ と書いた)．$\bar{a} \in \mathrm{Ker}(\cdot \bar{y}) \subset A/\mathfrak{p}$ に対し，$\bar{a} \cdot \bar{y} = \overline{ay} = 0$．$A/\mathfrak{p}$ は整域であった．ゆえに，$a \in \mathfrak{p}$．よって，$\mathrm{Ker}(\cdot \bar{y})=\mathfrak{p} \in \mathrm{Ass}\, N$．∎

注意　$\mathrm{Ass}(M/N) \subset \mathrm{Ass}\, M$ とは限らない．たとえば，$M=\boldsymbol{Z}$, $N=4\boldsymbol{Z}$, $M/N=\boldsymbol{Z}/4\boldsymbol{Z}$ とおくと，$\mathrm{Ass}\, M=\{0\}$，$\mathrm{Ass}(M/N)=\{(2)\}$．

d)　逆に，$\mathrm{Ass}\, M$ の部分集合が与えられたとき，それを Ass にもつ M の部分加群の存在を示せる．有限性条件をつけないから，Zorn の補題を基礎に証明せざるをえない．

定理 1.2　M を A 加群とし，$\mathrm{Ass}\, M$ の部分集合 Σ を一つ定める．すると，M の部分加群 N があり，$\mathrm{Ass}\, N=\Sigma$，$\mathrm{Ass}(M/N)=\mathrm{Ass}\, M-\Sigma$ を満たす．

証明

$$\mathscr{F}=\{N \subset M\,;\, \mathrm{Ass}\, N \subset \Sigma\}$$

とおく．$\mathrm{Ass}\, 0=\phi$ だから $0 \in \mathscr{F}$．一方，$\{N_\lambda\}$ を $\mathscr{F}$ の線型順序集合とすると，$N^* = \bigcup N_\lambda \in \mathscr{F}$．実際，$\mathfrak{p} \in \mathrm{Ass}\, N^*$ をとると，$A/\mathfrak{p} \subset N^*$．$A/\mathfrak{p}=Ax$ と $x \in N^*$ で表されるので，或る μ があって $x \in N_\mu$．ゆえに，$A/\mathfrak{p}=Ax \subset N_\mu$．よって，$\mathfrak{p} \in \mathrm{Ass}$

$N_\mu \subset \Sigma$. したがってZornの補題により，$\mathscr{F}$には極大元$N^\sharp$がある．$N^\sharp$をNと書くと，これが求めるものになる．それをみるために$\mathfrak{p} \in \mathrm{Ass}\,(M/N)$をとると，$A/\mathfrak{p} \subset M/N$. よって，$M$と$N$との中間の加群$N'$により$A/\mathfrak{p}=N'/N$と書ける．補題1.1を適用して，$\mathrm{Ass}\,N \cup \mathrm{Ass}\,(N'/N) \supset \mathrm{Ass}\,N'$. ゆえに，$\mathrm{Ass}\,(N'/N)=\mathrm{Ass}\,(A/\mathfrak{p})=\{\mathfrak{p}\}$が$\Sigma$の元ならば，$N' \in \mathscr{F}$であり，$N$の極大性に反する．よって，$\mathrm{Ass}\,(M/N) \subset \mathrm{Ass}\,M-\Sigma$. 一方，補題1.1によると，

$$\mathrm{Ass}\,M \subset \mathrm{Ass}\,N \cup \mathrm{Ass}\,(M/N).$$

そこで$\mathrm{Ass}\,N \subset \Sigma$, $\mathrm{Ass}\,(M/N) \subset \mathrm{Ass}\,M-\Sigma$と合せると，

$$\mathrm{Ass}\,N = \Sigma, \qquad \mathrm{Ass}\,(M/N) = \mathrm{Ass}\,M-\Sigma. \qquad \blacksquare$$

e)　系　同じ条件下で，$\mathrm{Supp}\,M=\{\bigcup V(\mathfrak{q})\,;\,\mathfrak{q} \in \mathrm{Ass}\,M\}$.

証明　定理1.1によると，

$$\mathfrak{p} \in \mathrm{Supp}\,M \iff M_\mathfrak{p} \neq 0 \iff \mathrm{Ass}\,M_\mathfrak{p} \neq \phi.$$

$$\mathrm{Ass}\,M_\mathfrak{p} \neq \phi \iff \mathrm{Ass}\,M \cap \{\mathfrak{q} \in \mathrm{Spec}\,A\,;\,\mathfrak{q} \cap (A-\mathfrak{p})=\phi\} \neq \phi.$$

ゆえに，

$$\mathfrak{p} \in \mathrm{Supp}\,M \iff \mathfrak{p}\text{ は或る }\mathfrak{q} \in \mathrm{Ass}\,M\text{ を含む．すなわち，}\mathfrak{p} \supset \mathfrak{q}. \qquad \blacksquare$$

Mが有限生成ならば，$\mathrm{Supp}\,M$は閉集合であった(I, §1.12, a))．その閉既約成分を$V(\mathfrak{p}_1), \cdots, V(\mathfrak{p}_s)$とすると，$\mathfrak{p}_j \in \mathrm{Ass}\,M$. これらの$\mathfrak{p}_j$は$\mathrm{Ass}\,M$の極小イデアル．$\mathfrak{p} \supsetneqq \mathfrak{p}_j$となる$\mathrm{Ass}\,M$の元$\mathfrak{p}$は，$V(\mathfrak{p}) \subsetneqq V(\mathfrak{p}_j)$となり，$V(\mathfrak{p}_j)$の中に埋没してしまう．このような$\mathfrak{p}$を**埋没素イデアル**という．$A/\mathfrak{a}$の埋没素イデアルは，$\mathfrak{a}$の埋没素因子のことである．埋没素イデアルでない付属素イデアルを付属極小素イデアルという．$\mathfrak{a}$の埋没していない素因子を極小素因子という．

f)　例1.1　AをNoether環，SをAの乗法系，MをA加群とする．

$$i_S\colon A \longrightarrow S^{-1}A \quad \text{は} \quad \text{単射}\colon \mathrm{Spec}\,(S^{-1}A) \longrightarrow \mathrm{Spec}\,A$$

を導くが，これによって，きまる${}^a i_S : \mathrm{Ass}\,(S^{-1}M) \to \mathrm{Ass}\,M \cap \mathrm{Im}\,i_S$は全単射になる．

［証明］　$\mathfrak{p} \in \mathrm{Ass}\,M \cap \mathrm{Im}\,i_S$をとる．$A/\mathfrak{p} \subset M$であり，$S^{-1}(A/\mathfrak{p})=S^{-1}A/S^{-1}\mathfrak{p} \subset S^{-1}M$. そして$S^{-1}(A/\mathfrak{p}) \neq 0$, $S^{-1}(A/\mathfrak{p}) \supset A/\mathfrak{p}$より，$S^{-1}\mathfrak{p}$は素イデアル．ゆえに$S^{-1}\mathfrak{p} \in \mathrm{Ass}\,(S^{-1}M)$. そしてもちろん${}^a i_S(S^{-1}\mathfrak{p})=\mathfrak{p}$. よって，${}^a i_S$は全射である．

$\mathrm{Ass}(S^{-1}M)$の元を$S^{-1}\mathfrak{p}$の形で書く($\mathfrak{p} \in \mathrm{Spec}\,A$)．すると，$x \in M$, $t \in S$があって$S^{-1}\mathfrak{p}=\mathrm{Ker}\,(\cdot x/t)$. AはNoether環だったから$\mathfrak{p}$は有限生成．ゆえに$s \in S$

を選ぶと，$\mathfrak{p}\subset \mathrm{Ker}\,(\cdot sx)$．逆に，$b\in \mathrm{Ker}\,(\cdot sx)$ をとると，$bsx=0$．よって $S^{-1}A$ で考えると，$b/1\in S^{-1}\mathfrak{p}$．よって $b\in\mathfrak{p}$．かくして $\mathfrak{p}=\mathrm{Ker}\,(\cdot sx)$．これは $\mathfrak{p}\in \mathrm{Ass}\, M$ を意味する．∎

§1.2　準素（部分）加群

a）イデアルのときと同じように，加群に対しても準素分解ができる．それを説明しよう．まず A 加群 M を一つ定める．M の部分加群 Q は $\mathrm{Ass}\,(M/Q)$ が1元よりなるとき，M に関して**準素加群**という．詳しく，$\mathrm{Ass}\,(M/Q)=\{\mathfrak{p}\}$ ならば，Q を $\mathfrak{p}$ 準素加群ともいう．

$M=A$ のとき，Q が準素加群ということは，Q が準素イデアルになることを意味している．逆も成り立つ．実際，一般の A 加群 M をきめ，Q を M に関して $\mathfrak{p}$ 準素加群としよう．$a\in A-\mathfrak{p}$, $x\in M$ をとり $ax\in Q$ とする．$\{\mathfrak{p}\}=\mathrm{Ass}\,(M/Q)$ により，$a\notin\mathfrak{p}$ は単射 $\cdot a: M/Q\to M/Q$ を定めるから，$\cdot a(\bar{x})=ax \bmod Q=0$ より $x\in Q$ が出る．

b）M の部分加群 N をとる．M に関して準素な加群 Q_λ により $N=\bigcap Q_\lambda$ と表されるとき，N は**準素加群に分解された**という．

定理1.3　A を Noether 環，M を有限生成 A 加群とする．$\mathrm{Ass}\,M=\{\mathfrak{p}_1,\cdots,\mathfrak{p}_r\}$ とおくと，各 i に対し M の部分加群 Q_i があって，

$$\mathrm{Ass}\,(M/Q_i)=\{\mathfrak{p}_i\},\qquad 0=Q_1\cap\cdots\cap Q_r$$

と表される．

証明　(1)　$\mathrm{Ass}\,M$ が有限集合になることをみる．$M\neq 0$ のとき，$\mathrm{Ass}\,M\neq\phi$ だから $\mathfrak{p}_1\in\mathrm{Ass}\,M$ をとると，$A/\mathfrak{p}_1=N_1\subset M$．$M\neq N_1$ ならば $\mathrm{Ass}\,(M/N_1)\ni\mathfrak{p}_2$ をとって $A/\mathfrak{p}_2=N_2/N_1\subset M/N_1$ と N_2 を定める．かくして $0\subset N_1\subset N_2\subset\cdots$ と列ができて，$N_i/N_{i+1}\simeq A/\mathfrak{p}_i$．$M$ は Noether 加群だから，これは有限列である．すなわち，$l\gg 0$ があり $N_l=M$．すると，補題1.1によって

$$\mathrm{Ass}\,M\subset\mathrm{Ass}\,N_{l-1}\cup\{\mathfrak{p}_l\}\subset\cdots\subset\{\mathfrak{p}_1,\cdots,\mathfrak{p}_l\}.$$

(2)　$\mathfrak{p}_j\in\mathrm{Ass}\,M$ をとり，定理1.2を適用すると，部分加群 Q_j があって，$\mathrm{Ass}\,(M/Q_j)=\{\mathfrak{p}_j\}$，$\mathrm{Ass}\,Q_j=\mathrm{Ass}\,M-\{\mathfrak{p}_j\}$．すなわち，$Q_j$ は M に関して準素加群である．そこで，

$$L=Q_1\cap\cdots\cap Q_r$$

とおこう．$\mathrm{Ass}\, L \subset \mathrm{Ass}\, Q_j = \mathrm{Ass}\, M - \{\mathfrak{p}_j\}$ が各 j につき成立する．よって，

$$\mathrm{Ass}\, L \subset \bigcap (\mathrm{Ass}\, M - \{\mathfrak{p}_j\}) = \phi.$$

定理1.1によって $L=0$. ▮

M の部分加群 N について，$\mathrm{Ass}\,(M/N) = \{\mathfrak{p}_1, \cdots, \mathfrak{p}_r\}$ とおくと，M に関して $\mathfrak{p}_j$ 準素な加群 Q_j があり，

$$N = Q_1 \cap \cdots \cap Q_r$$

と表せる，という形に定理1.3は直ちに一般化される．

また，$M=A$, $N=\mathfrak{a}$ のとき，上の定理はイデアルの準素分解定理になる．

§1.3 加群の次元

a) A を Noether 環とするとき，その次元 $\dim A$ を $\dim \mathrm{Spec}\, A$ で定めた (I, §1.14). また，$\dim (A/\mathfrak{a}) = \dim V(\mathfrak{a})$ である．さて，有限生成 A 加群 M については $\mathrm{Supp}\, M$ が $\mathrm{Spec}\, A$ の閉集合になるので，$\dim M = \dim \mathrm{Supp}\, M$ により次元を定義できる．

さて，$\dim M = 0$ となる M を調べてみよう．$\mathrm{Supp}\, M$ は0次元だから，$\mathrm{Supp}\, M = \mathrm{Ass}\, M$ は A の極大イデアル $\mathfrak{p}_1, \cdots, \mathfrak{p}_r$ より成る．定理1.3の証明中(1)の結果により，部分 A 加群 M_j があって，$M \supset M_{l-1} \supset M_{l-2} \supset \cdots \supset M_1 \supset 0$ および $M_j/M_{j-1} \simeq A/\mathfrak{p}_j$ が成立する．この場合，$A/\mathfrak{p}_j$ は体である．よって，$A/\mathfrak{p}_j$ は部分 A 加群に自明なもの以外ないから，A 加群としての長さ：$\mathrm{lg}_A\,(M_j/M_{j-1}) = 1$. よって $\mathrm{lg}\,(M) = l$. すなわち，M は極小条件を満たす有限生成 A 加群である．極小条件を満たす A 加群は Artin A 加群ともよばれる．逆に，有限生成の Artin A 加群 M をとるとき，上のような列 $M \supset M_{l-1} \supset \cdots \supset M_1 \supset 0$ ができるので，$\mathrm{Supp}\, M$ は0次元になる．

b) 加群 M の次元の定義はいろいろ考えられる．しかし，次元という以上，(有限生成) Artin 加群 $\neq 0$ の次元は0とすべきであろう．もっとも $\dim 0$ は $-\infty$ とか -1 とかにおくべきであることに注意してほしい．

A を有限個の極大イデアルしか持たぬ Noether 環とする．それらの極大イデアルを $\mathfrak{m}_1, \cdots, \mathfrak{m}_r$ とおくとき，A の根基 $\mathfrak{R}(A)$ は $\mathfrak{m}_1 \cap \cdots \cap \mathfrak{m}_r$ であって，A は半局所環ともよばれる．この A について，M を有限生成 A 加群とし，$\mathrm{Supp}\, M$ を0次元と仮定すると，$\mathrm{Supp}\, M \subset \{\mathfrak{m}_1, \cdots, \mathfrak{m}_r\}$.

したがって，任意の $a\in\mathfrak{R}(A)$ は，非単射 $\cdot a: M\to M$ を定める．これを基礎につぎの数を定義しよう：任意の有限生成 A 加群 M に対して

$$s(M)=\min\{s\,;\,a_1,\cdots,a_s\in\mathfrak{R}(A)\text{ かつ } M/\sum a_jM \text{ が } 0 \text{ 次元}\},$$

$$\operatorname{dep} M=\operatorname{dep}_A M=\max\{u\,;\,a_1,\cdots,a_u\in\mathfrak{R}(A) \text{ があり，各 } i \text{ につき}$$
$$\cdot a_i: M/(a_1M+\cdots+a_{i-1}M)\to M/(a_1M+\cdots+a_{i-1}M) \text{ が単射}\}.$$

すると，$s(M)=\dim M$ が証明される．この証明には，I，第1章の問題33, 34に示されたつぎの2定理が用いられる．便宜上それらを再録する．

(Krull の) 単項イデアル定理 A を Noether 整域，$a\in A$ を非可逆元とする．$\mathfrak{p}$ を aA の極小素イデアルとすると，$\operatorname{ht}(\mathfrak{p})=1$. ——

さて，A のイデアルを $\mathfrak{a}$ とし，

$$\operatorname{ht}(\mathfrak{a})=\min\{\operatorname{ht}(\mathfrak{p})\,;\,\mathfrak{p} \text{ は } \mathfrak{a} \text{ の素因子}\}$$

とおく．この記号を用いてつぎの定理をのべる．

(Krull の) 標高定理 A を Noether 環とし，$\mathfrak{a}$ を r 個の元で生成されたイデアルとする．そのとき，$\operatorname{ht}(\mathfrak{a})\leqq r$. ——

さて，あらためて A を局所 Noether 環とし，$\mathfrak{m}$ をその極大イデアルとする．すると，$\dim A$ は有限値になる．なぜならば，$\mathfrak{m}$ は有限生成だから，$\mathfrak{m}=a_1A+\cdots+a_NA$ と書かれ，$\operatorname{ht}(\mathfrak{m})=\dim A\leqq N$. よって，$s(A)$ の定義からわかるように，$s(A)\leqq N$ にもなっている．

$s=s(A)$ とおくとき，$a_1,\cdots,a_s\in\mathfrak{m}\,(=\mathfrak{R}(A))$ があって，$A/\sum a_jA$ は0次元．ゆえに Artin 加群である．それゆえ $\mathfrak{q}=\sum a_jA$ とおけば，

$$\mathfrak{m}/\mathfrak{q}\supset\mathfrak{m}^2+\mathfrak{q}/\mathfrak{q}\supset\cdots\supset\mathfrak{m}^\alpha+\mathfrak{q}/\mathfrak{q}\supset\cdots$$

は，必ず停滞し，$\bigcap(\mathfrak{m}^\alpha+\mathfrak{q}/\mathfrak{q})=\mathfrak{q}/\mathfrak{q}$ となるので，$\alpha\gg 0$ を選ぶと，$\mathfrak{m}^\alpha\subset\mathfrak{q}\,(\subset\mathfrak{m})$ を満たす．それゆえ

$$\mathfrak{m}=\sqrt{\mathfrak{m}^\alpha}\subset\sqrt{\mathfrak{q}}\subset\mathfrak{m}$$

となり，$\sqrt{\mathfrak{q}}=\mathfrak{m}$ を得る．$\mathfrak{m}$ は極大イデアルなので，$\mathfrak{q}$ は $\mathfrak{m}$ 準素イデアルとなる．なぜならば，$a\notin\mathfrak{m}$, $ba\in\mathfrak{q}$ より明らかに $b\in\mathfrak{q}$. また，$\sqrt{\mathfrak{q}}=\mathfrak{m}$ ならば，$d\gg 0$ を選ぶと，$\mathfrak{m}^d\subset\mathfrak{q}$ を満たすことに注意しておく．

ところで，$\dim A=\operatorname{ht}(\mathfrak{m})=n$ とおくとき，Krull の標高定理によれば，$\mathfrak{m}$ の生成元の個数は少なくとも n 個である．ちょうど n 個の生成元のとれるとき，A は正則局所環とよばれるのであった．一般の局所 Noether 環に対しては，ちょ

うどn個の生成元をもつ$\mathfrak{m}$準素なイデアル$\mathfrak{q}$を構成するだけしかできない．すなわち，つぎのように考える．

0の極小素因子を$\mathfrak{p}_1, \cdots, \mathfrak{p}_r$としよう．それから便宜上，$n=\dim(A/\mathfrak{p}_1)=\cdots=\dim(A/\mathfrak{p}_u)<\dim(A/\mathfrak{p}_{u+1})\leqq\cdots\leqq\dim(A/\mathfrak{p}_r)$と番号づける$(u\leqq r)$．$n=0$ならば，0は$\mathfrak{m}$準素．それで$n>0$とすると，$\mathfrak{m}\not\subset\mathfrak{p}_1\cup\cdots\cup\mathfrak{p}_u$．よって$a_1\in\mathfrak{m}-\bigcup_{i=1}^{u}\mathfrak{p}_i$を選ぶ．$a_1A$の極小素因子は$\mathfrak{p}_1, \cdots, \mathfrak{p}_u$のいずれでもない．ゆえに，$\mathrm{ht}(a_1A)>0$．よって，標高定理により$\mathrm{ht}(a_1A)=1$．このとき$\dim(A/a_1A)\neq n$である．なぜならば，$\dim(A/a_1A)=n$とすると，$A/a_1A$の素イデアル$\boldsymbol{p}_0/a_1A\subsetneqq\boldsymbol{p}_1/a_1A\subsetneqq\cdots\subsetneqq\boldsymbol{p}_n/a_1A=\mathfrak{m}/a_1A$の列を得る．そして，$\boldsymbol{p}_0\subsetneqq\cdots\subsetneqq\mathfrak{m}$と$1+n$個あることより，$\boldsymbol{p}_0$は$\mathfrak{p}_1, \cdots, \mathfrak{p}_u$のいずれかと一致せねばならぬ．これは，$a_1A$のとり方に反する．

さらに，a_1Aの極小素因子を$\mathfrak{p}_1', \cdots, \mathfrak{p}_t'$とし，そのうち，$\mathrm{ht}(\mathfrak{p}_j')=1$となるものを$\mathfrak{p}_1', \cdots, \mathfrak{p}_v'$と番号づける．$n=1$ならば，$v=1$で$\mathfrak{m}=\mathfrak{p}_1'$．よって，$a_1A$は$\mathfrak{m}$準素なイデアルである．$n\geqq2$ならば，$\mathfrak{m}\supsetneqq\mathfrak{p}_1', \cdots, \supsetneqq\mathfrak{p}_v'$だから，$a_2\in\mathfrak{m}-\bigcup_{i=1}^{v}\mathfrak{p}_i'$を選ぶ．この操作をつづけると，ついに，$a_1, \cdots, a_n\in\mathfrak{m}$を得て，つぎの性質を満たす：

(i) $a_1A+\cdots+a_nA$は$\mathfrak{m}$準素なイデアル，

(ii) $i\leqq n$に対しつねに，$\mathrm{ht}(a_1, \cdots, a_i)=i$.

一方，$\dim(A/a_1A)\leqq n-1$は前に注意した．$\bar{A}=A/a_1A$とおき，$\bar{A}$に上の操作を行う．そして，$m=\dim\bar{A}\leqq n-1$とおけば，$b_1, \cdots, b_m\in A$があり，$\bar{b}_j=b_j \bmod a_1A$と定めるとき，

$$\bar{b}_1\bar{A}+\cdots+\bar{b}_m\bar{A} \quad \text{は} \quad \mathfrak{m}/a_1A \text{ 準素なイデアル}$$

になる．上の条件により，

$$a_1A+b_1A+\cdots+b_mA \quad \text{は} \quad \mathfrak{m} \text{ 準素なイデアル}$$

となる．ゆえに，標高定理によると，

$$n=\dim A=\mathrm{ht}(a_1, b_1, \cdots, b_m)\leqq m+1.$$

したがって$m\geqq n-1$．かくしてつぎの結果を得た．

超曲面の次元公式 Aを局所 Noether 環，上の記法を用いて，$a\in\mathfrak{m}-\mathfrak{p}_1\cup\cdots\cup\mathfrak{p}_u$とすると，

$$\dim(A/aA)=\dim A-1.$$

もし$a\in\mathfrak{p}_1\cup\cdots\cup\mathfrak{p}_u$ならば，もちろん$\dim(A/aA)=\dim A$. ——

c) **定理 1.4**　A が半局所 Noether 環，M が有限生成 A 加群のとき，

$$s(M) = \dim M.$$

証明　(1)　$a \in \mathfrak{R}(A)$ をとるとき，$\dim(M/aM) \geqq \dim M-1$ をまず示す．$M \to M/aM$ は全射だから，$\mathrm{Supp}\,(M/aM) \subset \mathrm{Supp}\,M$．一方，$M/aM$ は A/aA 加群だから，$\mathrm{Supp}\,(M/aM) \subset V(a)$．よって $\mathrm{Supp}\,M = V(\mathfrak{a})$ と表すとき，

$$\mathrm{Supp}\,(M/aM) \subset V(a) \cap V(\mathfrak{a}) = V(aA+\mathfrak{a})$$

である．さて $\mathfrak{p} \in V(aA+\mathfrak{a}) \subset V(\mathfrak{a})$ をとる．$\mathfrak{p} \notin \mathrm{Supp}\,(M/aM)$ を仮定すると，

$$M_{\mathfrak{p}} \subset aM_{\mathfrak{p}} \subset \mathfrak{R}(A)M_{\mathfrak{p}}.$$

一方，$\mathfrak{R}(A)$ は A の根基だから中山の補題により $M_{\mathfrak{p}}=0$．よって $\mathfrak{p} \notin \mathrm{Supp}\,M = V(\mathfrak{a})$．かくして矛盾したから，$V(aA+\mathfrak{a}) \subset \mathrm{Supp}\,(M/aM)$ を得る．4行上の式と合せて

$$\mathrm{Supp}\,(M/aM) = V(a) \cap \mathrm{Supp}\,M.$$

$a \in \mathfrak{R}(A)$ により $V(a) \supset \{\mathfrak{m}_1, \cdots, \mathfrak{m}_r\}$．$\mathrm{Supp}\,M$ は閉集合だから，$\mathrm{Supp}\,M$ はどれか $\mathfrak{m}_i$ を含む．よって $V(a) \cap \mathrm{Supp}\,M \neq \phi$．かくして，§1.3, b) によると，

$$\dim M \geqq \dim V(a) \cap \mathrm{Supp}\,M \geqq \dim M-1.$$

(2)　上により，$s=s(M)$ とおき，$a_1, \cdots, a_s$ を

$$M/(a_1M+\cdots+a_sM) \quad \text{は} \quad 0\,\text{次元}$$

に選ぶと，順次

$$\dim M \leqq \dim\,(M/a_1M)+1 \leqq \cdots \leqq \dim\,(M/(a_1M+\cdots+a_sM))+s = s.$$

(3)　$s(M) \leqq \dim M$ を $n=\dim M$ についての帰納法で示す．$n=0$ ならば M は Artin 加群になる．よって $s(M) \geqq 0$，$n \geqq 1$ としよう．$\mathrm{Supp}\,M$ の n 次元成分を $V(\mathfrak{p}_1), \cdots, V(\mathfrak{p}_b)$ とし，$\mathfrak{p}_1, \cdots, \mathfrak{p}_b$ らは極大イデアルでないことに注意する．$\mathfrak{p}_1, \cdots, \mathfrak{p}_b$ のどれにも属さない $\mathfrak{R}(A)$ の元 a をとる．すると，定義により $s(M) \leqq s(M/aM)+1$．(1) の証明中の帰結により，$\dim\,(M/aM) \geqq \dim M-1$ なのだが，$\mathrm{Supp}\,(M/aM) \subset V(a)$ だから，$\dim\,(M/aM) = \dim M-1 = n-1$．帰納法の仮定によって，$s(M/aM) \leqq \dim\,(M/aM) = n-1$．よって

$$s(M) \leqq s(M/aM)+1 \leqq n-1+1 = n. \qquad \blacksquare$$

d)　定理 1.4 の条件のもとに，$\mathfrak{q} = \mathfrak{R}(A)$ とおくと，

$$\varphi_M(m) = \mathrm{lg}_A(M/\mathfrak{q}^{m+1}M)$$

は，$m \gg 0$ のとき，m の多項式となる．その次数を $d(M)$ と書くと，$d(M) = \dim$

M となることが知られている．しかし後で用いないからここでは証明しない．$\varphi_M(m)$ を Hilbert-Samuel の特性多項式という．

e）定理 1.4 によって，$s=\dim M$ とおくとき，$a_1, \cdots, a_s \in \Re(A)$ があり，$M/(a_1M+\cdots+a_sM)$ は Artin 加群になる．この条件を満たす $(a_1, \cdots, a_s)$ を M の**パラメータ系**という．とくに，A が局所 Noether 環で $M=A$ のとき，A のパラメータ系 $(a_1, \cdots, a_s)$ を考えると，$a_1A+\cdots+a_sA$ は準素イデアルになることを再度注意しておこう．

§1.4 正 則 列

a）M を A 加群とする．A の元 $a_1, \cdots, a_r$ をとり，$M_0=M$, $M_1=M/a_1M$, $M_2=M/(a_1M+a_2M)$, $\cdots$, $M_r=M/(a_1M+\cdots+a_rM)$ を作る．すべての i につき

$$\cdot a_{i+1}\colon M_i \longrightarrow M_i$$

が単射になるなら，$(a_1, \cdots, a_r)$ は $\boldsymbol{M}$ **正則列**とよばれる．$r=1$ のとき，a_1 を $\boldsymbol{M}$ **正則**ともいう．1 個の元に 'M 正則列' はおかしいからである．

$M=A$ のとき，"a が A 正則" をいいかえると，"a は A の非零因子" となる．

b）$(a_1, \cdots, a_r)$ を A の元よりなる列とし，$I=a_1A+\cdots+a_rA$ とおき

$$\mathrm{gr}_I{}^{\boldsymbol{\cdot}}M = \bigoplus_{n=0}^{\infty} I^nM/I^{n+1}M$$

と書く．

さて，$I^nM/I^{n+1}M$ は A/I 加群であって，$a_1, \cdots, a_r$ の n 次単項式 $a_1{}^{\alpha_1}\cdots a_r{}^{\alpha_r}$ の定める $a_1{}^{\alpha_1}\cdots a_r{}^{\alpha_r} \bmod I^{n+1}M$ で M/IM 上に生成される．よって，$T_1, \cdots, T_r$ を M/IM 上の不定元とすると，M/IM 準同型

$$\varphi_{(r)}\colon M/IM[T_1, \cdots, T_r] \longrightarrow \mathrm{gr}_I{}^{\boldsymbol{\cdot}}M$$

が定まり，つぎの条件を満たす：

$\alpha_1+\cdots+\alpha_r=n$ に対して

$$\varphi_{(r)}(T_1{}^{\alpha_1}\cdots T_r{}^{\alpha_r}) = a_1{}^{\alpha_1}\cdots a_r{}^{\alpha_r} \bmod I^{n+1}M.$$

$\varphi_{(r)}$ が同型になるとき，$(a_1, \cdots, a_r)$ は $\boldsymbol{M}$ **準正則列**とよばれる．準正則列の定義をみるとわかるように，それは $a_1, \cdots, a_r$ の順序に依存しない．順序に敏感な正則列とこの点で質的に異なる．しかし，実用的な場合に限ると，正則列と準正則列とは同じ概念になり，正則列が順序によらないことが結果としてわかるので

ある.

c)　定理 1.5　A を Noether 環，M を有限生成 A 加群とし，$\mathfrak{R}(A)$ から $a_1, \cdots, a_r$ を選んでおく．$(a_1, \cdots, a_r)$ が M 正則列になるための必要十分条件は，$(a_1, \cdots, a_r)$ が M 準正則列になることである.

証明　つぎのように段階にわけて証明を実行する.

(1)　$(a_1, \cdots, a_r)$ が M 正則列のとき，$(a_1, \cdots, a_r)$ は M 準正則列になる.

[証明]　(i)　r についての帰納法を使う．$r=0$ ならば $\varphi_{(0)}=\mathrm{id}$．そこで $r-1$ のときを仮定する．すなわち，$J=a_1A+\cdots+a_{r-1}A$ とおくと

$$\varphi_{(r-1)}:\ M/JM[T_1, \cdots, T_{r-1}] \longrightarrow \mathrm{gr}_J{}^{\cdot}M$$

は同型．定義により a_r は M/JM 正則．よって，a_r は $M/JM[T_1, \cdots, T_{r-1}]$ 正則であり，$\varphi_{(r-1)}$ が同型を仮定したので a_r は $\mathrm{gr}_J{}^{\cdot}M$ 正則にもなっている.

$$\begin{aligned} M/IM[T_1, \cdots, T_r] &\simeq M/JM[T_1, \cdots, T_{r-1}] \otimes (A/a_rA[T_r]) \\ &\simeq (\mathrm{gr}_J{}^{\cdot}M) \otimes (A/a_rA[T_r]) \end{aligned}$$

になるから，$\varphi_{(r)}$ が同型であることをいうためには，

$$\varphi^{i+j}:\ \mathrm{gr}_J{}^iM \otimes (A/a_rA)\, T_r{}^j \longrightarrow \mathrm{gr}_I{}^{i+j}M$$

を

$$\varphi^{i+j}(\alpha \bmod J^{i+1}M \otimes (a \bmod a_rA)\, T_r{}^j) = \alpha a_r{}^j \bmod I^{i+j+1}M$$

で定め，つなげて，再び

$$\varphi:\ \mathrm{gr}_J{}^{\cdot}M \otimes (A/a_rA[T_r]) \longrightarrow \mathrm{gr}_I{}^{\cdot}M$$

とおき，この φ が同型になることを見さえすればよい.

(ii)　定義により φ は全射なのだから，φ が単射なことをいう．両辺ともに次数加群で，その m 次の部分をみると，

$$\varphi^{(m)}:\ (\mathrm{gr}_J{}^{\cdot}M \otimes A/a_rA[T_r])_m = \sum_{i=0}^{m} \mathrm{gr}_J{}^iM \otimes (A/a_rA)\, T_r{}^{m-i} \longrightarrow \mathrm{gr}_I{}^mM.$$

左辺の元を T_r の多項式 $f(T_r)$ とみる．$\varphi^{(m)}(f(T_r))=0$ のとき $f(T_r)=0$ を示せばよい．これを $f(T_r)$ の T_r についての次数 $\deg f(T_r)$ の帰納法で示す.

(iii)　$\deg f(T_r)=0$ ならば，

$$f(T_r) = \alpha \bmod J^{m+1}M \otimes a \bmod a_rA = a\alpha \bmod J^{m+1}M + a_rJ^mM$$

だから，$\varphi^{(m)}(f(T_r))=a\alpha \bmod I^{m+1}M$．よって，$\varphi^{(m)}(f(T_r))=0$ によると，$a\alpha \in$

$I^{m+1}M$. これより $f(T_r)=0$ をいうためにはつぎのことを一般に示せばよい.

$$\alpha \in J^m M,\quad a\alpha \in I^{m+1} \quad \text{ならば} \quad a \in J^{m+1}M + a_r J^m M.$$

ところで，この式は下式 (v) の主張の $l=0$ の場合になっているから，ここでは証明しない.

(iv) $\deg f(T_r) \leqq l-1$ を仮定し，$\deg f(T_r)=l$ のときに (ii) の主張を証明する．$f(T_r)$ は $\alpha_j \in J^{m-j}M$, $b_j \in A$ により，

$$\begin{aligned} f(T_r) &= \sum (\alpha_j \bmod J^{m-j+1}M \otimes b_j \bmod a_r A)\, T_r{}^j \\ &= \sum (b_j\alpha_j \bmod (J^{m-j+1}M + a_r J^{m-j}M))\, T_r{}^j \end{aligned}$$

と表される．上式の $l-1$ 次までの和を $g(T_r)$ と記すと，

$$f(T_r) = g(T_r) + (b_l\alpha_l \bmod (J^{m-l+1}M + a_r J^{m-l}M))\, T_r{}^l.$$

仮定の条件

$$0 = \varphi(f(T_r)) = \varphi(g(T_r)) + b_l\alpha_l a_r{}^l \bmod I^{m+1}M$$

を書きかえよう．

$$R_{m,l} = J^m M + a_r J^{m-1}M + \cdots + a_r{}^{l-1} J^{m-l+1}M$$

とおくと，

$$b_l\alpha_l a_r{}^l \in R_{m,l} + I^{m+1}M.$$

$c=b_l\alpha_l$ とおきかえると，$\alpha_l \in J^{m-l}$ だから $c \in J^{m-l}M$.

そこでつぎのことを示す.

(v)　$c \in J^{m-l}M,\quad ca_r{}^l \in R_{m,l} + I^{m+1}M$　ならば　$c \in J^{m-l+1}M + a_r J^{m-l}M$.

これが示せれば，$f(T_r)=g(T_r)$ となり，(1) の主張が証明できる.

[(v) の証明]　まず任意の $h>0$ に対して $\cdot a_r \colon M/J^hM \to M/J^hM$ が単射になることを見よう．実際，$x \in M$ をとり $a_r x \in J^hM$ とする．$x \notin J^hM$ と仮定すると，$x \in J^qM - J^{q+1}M$ となる $q<h$ がある．a_r は $\mathrm{gr}_J{}^q M \simeq M/JM[T_1, \cdots, T_{r-1}]_q$ 正則だから，$a_r x \in J^hM \subset J^{q+1}M$ により，$x \in J^{q+1}M$. これで，a_r は M/J^hM 正則であることが示された.

さて明らかに

$$ca_r{}^l \in R_{m,l} + I^{m+1}M \subset J^{m-l+1}M + I^{m+1}M.$$

また一方，$I=(a_r, J)$ により，$I^{m+1} = a_r{}^{m+1}A + a_r{}^m J + \cdots + a_r{}^l J^{m-l+1} + \cdots + J^{m+1} \subset a_r{}^{l+1}A + J^{m-l+1}$ である．だから

$$J^{m-l+1}M + I^{m+1}M \subset J^{m-l+1}M + a_r{}^{l+1}M.$$

よって，$u\in J^{m-l+1}M$ を選ぶと，$ca_r{}^l-u\in a_r{}^{l+1}M$．よって $x\in M$ により，

$$ca_r{}^l=u+a_r{}^{l+1}x.$$

$a_r{}^l(c-a_rx)=u\in J^{m-l+1}M$ だから，$\cdot a_r : M/J^{m-l+1}M\to M/J^{m-l+1}M$ が単射だったことを想い出して，$c-a_rx\in J^{m-l+1}M$．さて(iv)の末尾により $c\in J^{m-l}M$．よって $a_rx\in J^{m-l}M$ である．$\cdot a_r : M/J^{m-l}M\to M/J^{m-l}M$ が単射だったから，$x\in J^{m-l}M$．以上により，

$$c=c-a_rx+a_rx\in J^{m-l+1}M+a_rJ^{m-l}M. \qquad \blacksquare$$

かくして，(1)の証明が終了したから，つぎに逆を示す．

(2)　$(a_1,\cdots,a_r)$ が M 準正則列であり，$\bigcap_{n>0}I^nM=0$ ならば，$(a_1,\cdots,a_r)$ は M 正則列である．

[証明]　r についての帰納法を使う．$r=0$ ならばすべてが成立する．$r-1$ のときを仮定しよう．まず，$\varphi_{(r)}$ が同型なことより $\varphi_{(r-1)}$ が同型になることをみる．

$$\varphi_{(r-1)}:\ M/JM[T_1,\cdots,T_{r-1}]\longrightarrow \mathrm{gr}_J{}^{\cdot}M,$$

$$\varphi_{(r-1)}\otimes\mathrm{id}:\ M/JM[T_1,\cdots,T_{r-1}]\otimes A/a_rA[T_r]\rightrightarrows \mathrm{gr}_J{}^{\cdot}M\otimes A/a_rA[T_r].$$

一方，自然に $M/JM[T_1,\cdots,T_{r-1}]\otimes A/a_rA[T_r]\simeq M/IM[T_1,\cdots,T_r]$．そこで，$\varphi : \mathrm{gr}_J{}^{\cdot}M\otimes A/a_rA[T_r]\to\mathrm{gr}_I{}^{\cdot}M$ を用いて，つぎの可換図式を得る：

$$\begin{array}{ccc}
M/IM[T_1,\cdots,T_r] & \xrightarrow[\sim]{\varphi_{(r)}} & \mathrm{gr}_I{}^{\cdot}M \\
\wr\Vert & & \uparrow\varphi \\
M/JM[T_1,\cdots,T_{r-1}]\otimes A/a_rA[T_r] & \xrightarrow[\varphi_{(r-1)}\otimes\mathrm{id}]{} & \mathrm{gr}_J{}^{\cdot}M\otimes A/a_rA[T_r]
\end{array}$$

$\varphi_{(r-1)}$ は全射だから，$\varphi_{(r-1)}\otimes\mathrm{id}$ も全射．$\varphi\cdot\varphi_{(r-1)}\otimes\mathrm{id}$ が同型なことより，$\varphi_{(r-1)}\otimes\mathrm{id}$ は単射．よって $\varphi_{(r-1)}\otimes\mathrm{id}$ は同型．したがって φ も同型．よって $\varphi_{(r-1)}(z)=0$ とおくと，$\varphi_{(r-1)}(z)\otimes 1=\varphi_{(r-1)}\otimes\mathrm{id}(z\otimes 1)=0$ により $z\otimes 1=0$．これは，$z=\sum\bar{z}_\alpha T^\alpha$ ($\alpha=(\alpha_1,\cdots,\alpha_{r-1})$ についての $T_1,\cdots,T_{r-1}$ の単項式を T^α とかき，$z_\alpha\in M$ に対し，$\bar{z}_\alpha=z_\alpha \bmod JM$ とかいた) とおけば，$\bar{z}_\alpha\in IM$ を意味する．すなわち，$\bar{z}_\alpha=a_r\bar{y}_\alpha$ とかけるので，$z=a_rz_1$ と $z_1=\sum\bar{y}_\alpha T^\alpha$ で表される．$\varphi_{(r-1)}(z)=0$ により，a_r の $J^mM/J^{m+1}M$ 正則性を用いて，$\varphi_{(r-1)}(z_1)=0$ を得る．よって，この操作をくり返して，$z=a_r{}^tz_t\in a_r{}^tM$．ここに t は任意だから，$z=0$．よって，$\varphi_{(r-1)}$ は同型，になった．したがって帰納法の仮定により，$(a_1,\cdots,a_{r-1})$ は M 正則列である．

さて，a_r が M/JM 正則な元であることを証明しよう．

(3)　そのために，つぎの記法を用いる．$\bar{}$ で mod JM を示し，$*$ で mod IM を示す．そこで以下の命題をまず証明する．

（イ）　$a_r{}^l\bar{y} \in a_r{}^{l+1}\bar{M} \Longrightarrow \bar{y} \in a_r\bar{M}$,

（ロ）　$a_ry \in a_r{}^{l+1}M+JM \Longrightarrow a_ry \in a_r{}^{l+1}M+JI^{l-1}M$,

（ハ）　$a_ry \in a_r{}^{l+1}M+JI^{l-1}M \Longrightarrow y \in a_rM+JM$.

（ロ）と（ハ）とにより（イ）が示されるわけである．まず（ロ）の条件を仮定すると，$y_j \in M$ により，$a_r{}^ly-\sum' a_jy_j \in a_r{}^{l+1}M$（$\sum'$ は $r-1$ までの和を意味する）．よって，$l>1$ のとき，$\sum' a_jy_j \in I^2M$．さて，$\varphi_{(r)}(\sum' y_j{}^* \otimes T_j)=\sum' a_jy_j \bmod I^2M=0$．$\varphi_{(r)}$ が同型だから，$y_j \in IM$．それゆえ，$y_j=\sum' a_iy_{ji}+a_rz_j$ とかけるから，$a_r{}^ly-\sum' a_ja_iy_{ji}-\sum a_ja_rz_j \in a_r{}^{l+1}M$．この操作をつづける．また，$l=1$ のとき，$\varphi_{(r)}(y^* \otimes T_r-\sum' y_j{}^* \otimes T_j)=a_ry-\sum' a_jy_j \bmod I^2M=0$．よって，$y$, $y_j \in IM$．それゆえ，ついには（ロ）が示される．（ハ）も同様に，$\varphi_{(r)}$ の同型性を用いればよい．

(4)　つぎに (2) の証明に戻る．$x \in M$ をとり $a_rx \in JM$ とする．$a_r\bar{x}=0$ だから，（イ）を $l=1$ で用い，$\bar{x}=a_r\bar{x}_1\ (x_1 \in M)$．よって，$0=a_r\bar{x}=a_r{}^2\bar{x}_1$．また，（イ）の $l=2$ により，$\bar{x}_1=a_r\bar{x}_2$．ついに，$\bar{x}=a_r{}^s\bar{x}_{s+1}$．よって，$x \in JM$． ∎

§1.5　M 正則列の性質

a）つぎの補題からはじめよう．

補題 1.2　M を有限生成 A 加群とする．$\mathfrak{p} \in \operatorname{Supp} M$ に対し，自明でない（いいかえると，零写像でない）A 準同型 $\varphi: M \to A/\mathfrak{p}$ がつくれる．

証明　$M_\mathfrak{p} \neq 0$ だから，中山の補題によって $\mathfrak{p}M_\mathfrak{p} \neq M_\mathfrak{p}$．よって，$K=Q(A/\mathfrak{p})$（$A/\mathfrak{p}$ の商体の意味）を係数とする，自明でないベクトル空間 $M_\mathfrak{p}/\mathfrak{p}M_\mathfrak{p}$ ができた．それゆえ，零でない K 線型写像 $\varphi_1: M_\mathfrak{p}/\mathfrak{p}M_\mathfrak{p} \to K$ を選べる．M は有限生成だから $M_\mathfrak{p}$ は $A_\mathfrak{p}$ 加群としても有限生成である．それゆえ，$M_\mathfrak{p}=\sum x_iA_\mathfrak{p}$ と n 個の $x_i \in M$ により表される．すると，

$$\begin{aligned}\varphi_1(x_i \bmod \mathfrak{p}M_\mathfrak{p}) &= \bar{a}_i/\bar{b} \qquad (\bar{}\ \text{は mod}\ \mathfrak{p}\ \text{を示す}) \\ &= a_i/b \bmod \mathfrak{p}A_\mathfrak{p}\end{aligned}$$

と共通の分母 $b \in A-\mathfrak{p}$ を用いて書けるので，$b\varphi_1(x_i \bmod \mathfrak{p}M_\mathfrak{p})=a_i \bmod \mathfrak{p} \in A/\mathfrak{p}$

$\subset K$ ともみられる．さて

$$\varphi:\ M \longrightarrow M_{\mathfrak{p}}/\mathfrak{p}M_{\mathfrak{p}} \xrightarrow{b\varphi_1} A/\mathfrak{p}$$

と φ を定義すれば，条件を満たす．∎

b）補題 1.3 $\mathfrak{p}_1, \cdots, \mathfrak{p}_r$ を A の素イデアル，I を A のイデアルとして，$I \not\subset \mathfrak{p}_1, \cdots, I \not\subset \mathfrak{p}_n$ と仮定すると，やはり

$$I \not\subset \mathfrak{p}_1 \cup \cdots \cup \mathfrak{p}_n$$

が成り立つ．

証明 $\mathfrak{p}_1 \subset \mathfrak{p}_2$ という関係があれば，$\mathfrak{p}_1$ はとり去ってよい．ゆえに，$i \neq j$ ならば $\mathfrak{p}_i \not\subset \mathfrak{p}_j$ と仮定することができる．もし

$$\mathfrak{p}_1 \cdots \mathfrak{p}_{i-1}\mathfrak{p}_{i+1} \cdots \mathfrak{p}_n I \subset \mathfrak{p}_i$$

ならば，$\mathfrak{p}_i$ は素だから，$j \neq i$ に対し $\mathfrak{p}_j \not\subset \mathfrak{p}_i$ により，$I \subset \mathfrak{p}_i$ となり矛盾．ゆえに，

$$a_i \in \mathfrak{p}_1 \cdots \mathfrak{p}_{i-1}\mathfrak{p}_{i+1} \cdots \mathfrak{p}_n I - \mathfrak{p}_i$$

を選べる．$a = a_1 + \cdots + a_n$ とおけば，$a \in I$ である．$a \in \mathfrak{p}_i$ と仮定すると，$j \neq i$ に対し $a_j \in \mathfrak{p}_i$ だから $a_i \in \mathfrak{p}_i$ となり，a_i のとり方に反してしまう．よって，

$$a \in I - \mathfrak{p}_1 \cup \cdots \cup \mathfrak{p}_n. \qquad ∎$$

c）補題 1.4 A を Noether 環，I を A のイデアル，M を有限生成 A 加群とする．すると，つぎの 4 条件は互いに同値である：

（i） $\mathrm{Ass}\, M \cap V(I) = \phi$,

（ii） I に M 正則な元 a がある，

（iii） $\mathrm{Supp}\, N \subset V(I)$ となる有限生成 A 加群 N に対してつねに，$\mathrm{Hom}\,(N, M) = 0$,

（iv） 或る $\mathrm{Supp}\, N_1 = V(I)$ を満たす有限生成 A 加群 N_1 をとると，$\mathrm{Hom}\,(N_1, M) = 0$.

証明 $\mathrm{Ass}\, M$ は有限集合だから $\{\mathfrak{p}_1, \cdots, \mathfrak{p}_r\}$ と書ける．さて，(i) を仮定するとき，各 $\mathfrak{p}_j$ は I を含まない．$\mathfrak{p}_j$ は素イデアルだから補題 1.3 によると，$I \not\subset \mathfrak{p}_1 \cup \cdots \cup \mathfrak{p}_r$．よって，$a \notin \mathfrak{p}_1 \cup \cdots \cup \mathfrak{p}_r$ を満たす $a \in I$ がある．$\cdot a : M \to M$ は定理 1.1 により単射であり，これは (ii) である．

(ii) または (iii) を仮定するとき，$N_1 = A/I$ とおくと，$\mathrm{Supp}\,(A/I) = V(I)$ だから (iv) が出る．

(iv) から (i) を導こう．$\mathrm{Ass}\,M\cap V(I)\neq\phi$ を仮定する．$\mathfrak{p}\in\mathrm{Ass}\,M\cap V(I)$ をとると，$V(I)=\mathrm{Supp}\,N_1$ だから，補題 1.2 により，自明でない A 準同型 $\varphi_1: N_1\to A/\mathfrak{p}$ がつくれる．$\mathfrak{p}\in\mathrm{Ass}\,M$ だから $A/\mathfrak{p}\subset M$ であった．合成して零でない準同型 $N_1\to A/\mathfrak{p}\to M$ ができる．∎

d) 上の補題 1.3 のホモロジー代数的立場による一般化を行おう．

定理 1.6　A を Noether 環，I を A のイデアル，M を有限生成 A 加群とする．与えられた $r\geqq 0$ に対し，つぎの 4 条件は互いに同値である：

(i)　与えられた s 個の元 $a_1, \cdots, a_s\in I$ (ただし $0\leqq s<r$) が M 正則列をつくるとき，$a_{s+1}, \cdots, a_r\in I$ が存在して，$(a_1, \cdots, a_s, \cdots, a_r)$ は M 正則列になる，

(ii)　I の元よりなる M 正則列 $(a_1, \cdots, a_r)$ が存在する，

(iii)　$\mathrm{Supp}\,N\subset V(I)$ となる有限生成 A 加群 N に対し，$l<r$ ならばつねに，$\mathrm{Ext}_A{}^l(N, M)=0$,

(iv)　$\mathrm{Supp}\,N_1=V(I)$ を満たす或る有限生成 A 加群 N_1 が存在して，$l<r$ ならばつねに，$\mathrm{Ext}_A{}^l(N, M)=0$.

証明　(iii) $\Longrightarrow$ (iv) は前の証明と同じであって，$N_1=A/I$ とおけばよい．

(iv) $\Longrightarrow$ (i) を r についての帰納法により示す．$r=0$ ならば自明．さて，$r\geqq 1$ とし，$s<r$ に対して I の元よりなる $(a_1, \cdots, a_s)$ が M 正則列をなすと仮定しよう．$s=0$ のとき，補題 1.4 (iv) $\Longrightarrow$ (ii) によると M 正則な I の元 a_1 がある．また，$s\geqq 1$ ならば，初めから M 正則な I の元 a_1 がある．いずれにせよ，$M_1=M/a_1M$ とおき，完全系列

$$0\longrightarrow M\xrightarrow{\cdot a_1}M\longrightarrow M_1\longrightarrow 0$$

をつくる．(iv) の N_1 を用いて，コホモロジー群の長完全系列をつくると，

$$\mathrm{Ext}_A{}^l(N_1, M)\longrightarrow \mathrm{Ext}_A{}^l(N_1, M_1)\xrightarrow{\vartheta}\mathrm{Ext}_A{}^{l+1}(N_1, M)\quad(\text{完全})$$

を得る．$l+1<r$ のとき，(iv) の仮定から，上式の両端は 0．よって $l<r-1$ に対し $\mathrm{Ext}_A{}^l(N_1, M_1)=0$．帰納法の仮定によると，$I$ の元よりなる M_1 正則列 $(a_2, \cdots, a_s)$ に適当な I の元 $a_{s+1}, \cdots, a_r$ を継ぎ足すと，$(a_2, \cdots, a_s, \cdots, a_r)$ は M_1 正則列になる．a_1 は M 正則だから，かくして M 正則列 $(a_1, \cdots, a_r)$ ができた．

(i) の帰結が (ii) である．

最後に，r についての帰納法で (ii) $\Longrightarrow$ (iii) を示そう．$\mathrm{Supp}\,N\subset V(I)$ を満た

すような有限生成 A 加群 N をとる．$r=0$ ならば (iii) は自明．$r\geqq 1$ としてよい．a_1 を用いて，$M_1=M/a_1M$ とおき，上の証明と同じく，完全系列

$$\mathrm{Ext}_A{}^l(N, M_1) \xrightarrow{\vartheta} \mathrm{Ext}_A{}^{l+1}(N, M) \xrightarrow{(\cdot a_1)^*} \mathrm{Ext}_A{}^{l+1}(N, M)$$

を利用しよう．$l<r-1$ ならば，帰納法の仮定により，左端は0．よって $(\cdot a_1)^*$ は単射．一方，$(\cdot a_1)^*$ は a_1 から導かれた準同型の意味であるが，$a_1\in A$ なので，実は A 加群 $\mathrm{Ext}_A{}^{l+1}(N, M)$ に積で作用した $\cdot a_1$ と一致してしまう．一方，$V(I)\supset\mathrm{Supp}\,N\supset\mathrm{Supp}\,(\mathrm{Ext}_A{}^{l+1}(N, M))$．また，$a_1\in I$ により $V(a_1)\supset V(I)$．

一般に，有限生成 A 加群 L と $a\in A$ の与えられたとき，$\mathrm{Supp}\,L_a=\mathrm{Supp}\,(L\otimes A_a)=\mathrm{Supp}\,L\cap D(a)$ だから，$\mathrm{Supp}\,L_a=\phi \Leftrightarrow \mathrm{Supp}\,L\subset V(a)$．一方，$\mathrm{Supp}\,L_a=\phi\Leftrightarrow L_a=0\Leftrightarrow \cdot a: L\to L$ はベキ零，が成り立つ．

よって，われわれの場合，$V(a_1)\supset\mathrm{Supp}\,(\mathrm{Ext}_A{}^{l+1}(N, M))$ だったから，$\cdot a_1$: $\mathrm{Ext}_A{}^{l+1}(N, M)\to\mathrm{Ext}_A{}^{l+1}(N, M)$ はベキ零になる．$\cdot a_1$ は単射でもあった．ゆえに，$\cdot a_1=0$．そして，$\cdot a_1$ の単射性により，$\mathrm{Ext}_A{}^{l+1}(N, M)=0$．

$l+1<r$ に注意すれば証明がすべておえる．∎

§1.6　加群の深度

a)　§1.3で予告したように，加群 M の**深度** (depth, 仏 profondeur) を定義しよう．A を Noether 環，I をそのイデアル，M を有限生成 A 加群として，M の I に関しての深度 $\mathrm{dep}_I\,M$ をつぎのように定義する：

$$\mathrm{dep}_I\,M = \max\{r\,;\, I \text{ の元よりなる } M \text{ 正則列 } (a_1, \cdots, a_r) \text{ がある}\}.$$

$r=\mathrm{dep}_I\,M$ とおく．さて，I の元よりなる M 正則列 $(a_1, \cdots, a_s)$ があるとき，定理1.6によれば，$r-s$ 個の I の元を継ぎ足して，やはり M 正則列を得る．したがって，$\mathrm{dep}_I\,M$ は最大の長さというものの，一つの M 正則列が極大になる長さをとればよいのである．だから，M 正則列 $(a_1, \cdots, a_s)$ の与えられたとき，

$$\mathrm{dep}_I\,(M/(a_1M+\cdots+a_sM)) = \mathrm{dep}\,M-s.$$

$\mathrm{dep}_I\,M=0$ をいいかえてみよう．このとき，$a\in I$ は決して単射 $\cdot a: M\to M$ を与えない．さて，$\mathrm{Ass}\,M=\{\mathfrak{p}_1, \cdots, \mathfrak{p}_m\}$ とおくとき，$a\notin\mathfrak{p}_1\cup\cdots\cup\mathfrak{p}_m\Leftrightarrow\cdot a: M\to M$ は単射，であった (定理1.1 (ii))．それゆえ，

$$\mathrm{dep}_I\,M = 0 \Leftrightarrow I\subset\mathfrak{p}_1\cup\cdots\cup\mathfrak{p}_m.$$

さて一般に，A を局所 Noether 環，$\mathfrak{m}$ をその唯一の極大イデアルとするとき，$\mathrm{dep}_A M=\mathrm{dep}_{\mathfrak{m}} M$ とも書く．A 自身を A のイデアルとみるとき，1 を M 正則の元に選べるし，$M_1=M/1M=0$ だから，$\mathrm{dep}_{(1)} M=\mathrm{dep}_{(1)} 0+1$. 一方，$\mathrm{dep}_I 0$ は無限大とみられよう (なぜならば，$\cdot a:0\to 0$ はつねに単射だから). したがって，$I\neq(1)$ のときのみ $\mathrm{dep}_I M$ を取り扱うのである．それゆえ，$\mathrm{dep}_{\mathfrak{m}} M$ を $\mathrm{dep}_A M$ と書いても混乱はおきない.

実用的な場合は，Noether スキーム X の点 x をとり，$A=\mathcal{O}_{X,x}$ とおき $\mathcal{F}$ を $\mathcal{O}_X$ 加群層としたときの $\mathcal{F}_x$ を M とした $\mathrm{dep}_A \mathcal{F}_x$ である．このとき，$\mathrm{dep}_x \mathcal{F}$ とも書く.

注意 A を Noether 環，M を有限生成 A 加群とする．M 正則列 $(a_1, \cdots, a_r)$ をとるとき

$$\dim (M/(a_1M+\cdots+a_rM)) \leqq \dim M-r.$$

また，A が半局所環で $a_1, \cdots, a_r$ が $\mathfrak{R}(A)$ に属すれば，上式で等号が成り立つ.

[証明] M 正則列の定義によって，$r=1$ のときだけを証明すればよいことがわかる．a_1 が M 正則のとき，$a_1 \notin \{\bigcup \mathfrak{p}\,;\, \mathfrak{p}\in \mathrm{Ass}\, M\}$ である．よって，

$$\mathrm{Supp}\,(M/aM) = \{\bigcup (V(\mathfrak{p}_j)\cap V(aA))\,;\, \mathfrak{p}_j\in \mathrm{Ass}\, M\}$$

に注意すると，

$$\dim \mathrm{Supp}\,(M/aM) = \max\{\dim V(\mathfrak{p}_j)\cap V(a_1)\,;\, \mathfrak{p}_j\in \mathrm{Ass}\, M\} \leqq \dim M-1.$$

後半を証明するには，前半の式に定理 1.4 の証明 (1) の式

$$\dim (M/(a_1M+\cdots+a_rM)) \geqq \dim M-r$$

を組み合せればよい．▌

b) 定理 1.7 A を局所 Noether 環，M を有限生成 A 加群とするとき，

$$\mathrm{dep}_A M \leqq \min\{\dim (A/\mathfrak{p})\,;\, \mathfrak{p}\in \mathrm{Ass}\, M\}.$$

よって，$M\neq 0$ ならば

$$\mathrm{dep}_A M \leqq \dim M$$

である．さらに，$\mathrm{dep}_A M=\infty \Leftrightarrow M=0$.

証明 $M\neq 0$ とし，$\mathrm{dep}_A M$ についての帰納法で示す．しかし，この段階では $\mathrm{dep}_A M=\infty$ かもしれないから，"$r\leqq \mathrm{dep}_A M \Longrightarrow r\leqq \dim (A/\mathfrak{p})$" ($\mathfrak{p}\in \mathrm{Ass}\, M$) を r についての帰納法で証明しよう．$r=0$ なら自明．$0<r$ のとき，M 正則元 a が極大イデアル $\mathfrak{m}$ の中にある．よって $M'=M/aM$ とおくと，$\mathrm{dep}\, M'=\mathrm{dep}\, M-1$. ともかく $r-1\leqq \mathrm{dep}\, M'$ だから，帰納法の仮定によって，$\mathfrak{p}'\in \mathrm{Ass}\, M'$ について，$r-1\leqq \dim (A/\mathfrak{p}')$. そこでつぎのことを示す.

(∗)　任意の $\mathfrak{p}\in \mathrm{Ass}\, M$ に対し，$\mathfrak{p}'\in \mathrm{Ass}\, M'\cap V(\mathfrak{p}+aA)$ が存在する．

まず，(∗) を仮定して定理 1.7 の結論を導いておこう．a は M 正則だから，$a\notin\mathfrak{p}$．よって，$a \bmod \mathfrak{p}$ は $A/\mathfrak{p}$ の 0 元でない．ゆえに，$\dim(A/\mathfrak{p})-1\geqq\dim(A/(\mathfrak{p}+aA))\geqq\dim(A/\mathfrak{p}')\geqq r-1$．したがって，$\dim(A/\mathfrak{p})\geqq r$．

[(∗) の証明]　補題 1.4 によれば $\mathrm{Hom}\,(A/(\mathfrak{p}+aA), M')\neq 0$ を示せばよい．$aM'=0$ だから，$\mathrm{Hom}\,(A/(\mathfrak{p}+aA), M')=\mathrm{Hom}\,(A/\mathfrak{p}, M')$ となる．$0\to M\xrightarrow{\cdot a}M\to M'\to 0$ から完全系列

$$0\longrightarrow \mathrm{Hom}\,(A/\mathfrak{p}, M)\xrightarrow{\cdot a}\mathrm{Hom}\,(A/\mathfrak{p}, M)\longrightarrow \mathrm{Hom}\,(A/\mathfrak{p}, M')$$

を得る．$\mathrm{Hom}\,(A/\mathfrak{p}, M')=0$ と仮定すると，

$$\mathrm{Hom}\,(A/\mathfrak{p}, M)=a\cdot\mathrm{Hom}\,(A/\mathfrak{p}, M)\subset\mathfrak{m}\,\mathrm{Hom}\,(A/\mathfrak{p}, M).$$

中山の補題により，$\mathrm{Hom}\,(A/\mathfrak{p}, M)=0$．一方，$\mathfrak{p}\in\mathrm{Ass}\, M$ だから，$A/\mathfrak{p}\subset M$ とみられ，$\mathrm{Hom}\,(A/\mathfrak{p}, M)\neq 0$．これは矛盾である．よって $\mathrm{Hom}\,(A/\mathfrak{p}, M')\neq 0$．かくて，(∗) の証明ができた．▮

さて，$M\neq 0$ ならば $\mathrm{Ass}\, M\neq\phi$ なので，$\dim(A/\mathfrak{p})\leqq\dim A$ (A は局所 Noether 環だから，$\dim A$ は有限値なのである) により $\mathrm{dep}\, M$ はおさえられ，したがって有限．さらに，$\mathrm{Supp}\, M=\{\bigcup V(\mathfrak{p})\,;\,\mathfrak{p}\in\mathrm{Ass}\, M\}$ だから，当然，$\dim M=\max\{\dim(A/\mathfrak{p})\,;\,\mathfrak{p}\in\mathrm{Ass}\, M\}$．よって，$\mathrm{dep}_A M\leqq\dim M$．▮

c)　定理 1.8　A, B をともに局所 Noether 環とし，$\mathfrak{m}, \mathfrak{n}$ をそれぞれの極大イデアルとする．環準同型 $\varphi: A\to B$ は $\varphi(\mathfrak{m})\subset\mathfrak{n}$ を満たすとしよう．M は B 加群で，φ を経由して A 加群とみるときは有限生成と仮定する．このとき，

$$\mathrm{dep}_A M=\mathrm{dep}_B M.$$

とりわけ，φ が全射ならば

$$\mathrm{dep}_A B=\mathrm{dep}_B B.$$

証明　$r=\mathrm{dep}_A M$ とおき，$(a_1, \cdots, a_r)$ を M 正則列とする．正則列の定義により，$\varphi(a_1), \cdots, \varphi(a_r)$ も B 加群とみた M の正則列になる．そこで，$N=M/a_1M+\cdots+a_rM$ とおくと，$\mathrm{dep}_A N=\mathrm{dep}_A M-r$．$M$ は B 加群としても有限生成だから $\mathrm{dep}_B N=\mathrm{dep}_B M-r$．それゆえ N に関して定理の結論が示せれば，$\mathrm{dep}_A M=\mathrm{dep}_B M$ を得る．よって N についてみればよい．すなわち，$r=\mathrm{dep}_A M=0$ として結論を示せばよい．このとき，$\mathfrak{m}\in\mathrm{Ass}\, M$．$P=\mathrm{Hom}_A(A/\mathfrak{m}, M)$ とおこう．M は B 加群だから，P も B 加群とみなすことができる．$P\subset\mathrm{Hom}_A(A, M)=$

M, そして, $\mathfrak{m} \in \mathrm{Ass}\, M$ だから §1.1, a) により, 単射 $i: A/\mathfrak{m} \to M$ がある. よって $P \neq 0$. $a \in \mathfrak{m}$ に対して, $aP=0$. ゆえに, $\mathrm{Ass}_A P = \{\mathfrak{m}\}$. よって $\dim P=0$. すなわち, P は 0 次元になるから Artin A 加群である. P の部分 B 加群は部分 A 加群でもある. よって P は B 加群とみても Artin 加群である. ゆえに, $\dim P=0$. すなわち, $\mathrm{Ass}_B P = \{\mathfrak{n}\}$. $\mathrm{Ass}_B P \subset \mathrm{Ass}_B M$ だから, $\mathfrak{n} \in \mathrm{Ass}_B M$. ゆえに, $\mathrm{dep}_B M = 0$. ▮

§1.7 Cohen-Macaulay 加群

a) A を局所 Noether 環, M を有限生成 A 加群とするとき, 定理 1.2 の系, 定理 1.7 により

$$\mathrm{dep}_A M \leqq \min\{\dim(A/\mathfrak{p}) ; \mathfrak{p} \in \mathrm{Ass}\, M\} \leqq \dim M = \dim \mathrm{Supp}\, M$$
$$= \max\{\dim(A/\mathfrak{p}) ; \mathfrak{p} \in \mathrm{Supp}\, M\} = \max\{\dim(A/\mathfrak{p}) ; \mathfrak{p} \in \mathrm{Ass}\, M\}.$$

$\mathrm{dep}_A M = \dim M$ とすると, すべての $\mathfrak{p} \in \mathrm{Ass}\, M$ について, $\dim(A/\mathfrak{p}) = \dim M$ となり M の埋没素イデアルのごとき複雑なものがなくなる. このとき (すなわち, $\mathrm{dep}_A M = \dim M$ のとき) M を **Cohen-Macaulay 加群**という. A 自身が Cohen-Macaulay 加群のとき A を **Cohen-Macaulay 環**という.

b) **例 1.2** 1 次元局所 Noether 整域 A は Cohen-Macaulay 環である. なぜなら, $\mathfrak{m}$ の非零元 a が A 正則だから, $\mathrm{dep}_A A \geqq 1$. 一方, $\mathrm{dep}_A A \leqq \dim A = 1$.

例 1.3 A を 1 次元局所 Noether 環とする. $\mathrm{Ass}\, A \not\ni \mathfrak{m}$ (=A の極大イデアル), いいかえると, $\mathfrak{m}$ の元に A の非零因子があれば, A は Cohen-Macaulay 環. いいかえを再度行うと, 0_A に埋没素因子 (あれば, それは $\mathfrak{m}$ にならざるをえない) がないとき, またそのときに限って, A は Cohen-Macaulay 環になるのである.

例 1.4 A を 2 次元局所 Noether 整域とする. $\mathfrak{m}$ をその極大イデアルとし, 任意の $a \in \mathfrak{m}$ に対し, aA は埋没素因子を持たないと仮定する. すると, A は Cohen-Macaulay 環である.

[証明] 零でない $a \in \mathfrak{m}$ をとる. aA の素因子を $\mathfrak{p}_1, \cdots, \mathfrak{p}_r$ とすると, $\mathfrak{p}_j \neq \mathfrak{m}$. よって, $\mathrm{ht}(\mathfrak{p}_j)=1$. したがって, $\mathfrak{m} \not\subset \mathfrak{p}_1 \cup \cdots \cup \mathfrak{p}_r$. ゆえに $b \in \mathfrak{m} - \bigcup \mathfrak{p}_j$ をとると, (a, b) は A 正則列となる. $2 \leqq \mathrm{dep}\, A \leqq \dim A = 2$ により $\mathrm{dep}\, A = \dim A$. したがって, A は Cohen-Macaulay 環である. ▮

例 1.5 2 次元局所 Noether 正規環は Cohen-Macaulay 環である.

[証明]　I，定理2.8により，正規 Noether 環では，単項イデアルについて純性定理が成立するから，上の例1.4が直ちに適用できるからである．▮

c）定理1.9　A を局所 Noether 環，M を有限生成 A 加群としよう．M を Cohen-Macaulay 加群とすると，M はつぎの性質を持つ：

（i）$\mathrm{Supp}\,M$ は純次元的閉集合（すなわち，その閉既約成分はみな次元が等しい）であり，M は埋没素イデアルを持たない，

(ii)　$\mathfrak{m}$ を A の極大イデアルとする．$a\in\mathfrak{m}$ をとり，$\dim(M/aM)=\dim M-1$ を満たすとしよう．このときに，a は M 正則であり，M/aM も Cohen-Macaulay 加群になる．

証明　(i) については，すでに本節 a) で言及し証明した．(ii) の証明も容易である．すなわち，$\mathrm{Supp}\,M$ を閉既約成分に無駄なくわけ $V(\mathfrak{p}_1)\cup\cdots\cup V(\mathfrak{p}_r)$ とおくと，(i) より，$\mathrm{Ass}\,M=\{\mathfrak{p}_1,\cdots,\mathfrak{p}_r\}$．また (i) より，$\dim V(\mathfrak{p}_1)=\cdots=\dim V(\mathfrak{p}_r)$．仮定より $\dim(V(\mathfrak{p}_1)\cup\cdots\cup V(\mathfrak{p}_r))\cap V(a)=\dim V(\mathfrak{p}_1)-1$ だから，$\dim V(\mathfrak{p}_j)\cap V(a)=V(\mathfrak{p}_j)-1$ がすべての j につき成り立つ．ゆえに，$V(\mathfrak{p}_j)\cap V(a)\neq V(\mathfrak{p}_j)$．すなわち，$a\notin\mathfrak{p}_j$．よって，$a\notin\{\bigcup\mathfrak{p}_j\,;\,\mathfrak{p}_j\in\mathrm{Ass}\,M\}$．定理1.1(ii) により，$a$ は M 正則である．§1.6, a) によると，$\mathrm{dep}(M/aM)=\mathrm{dep}\,M-1$．$\mathrm{dep}\,M=\dim M$，$\dim(M/aM)=\dim M-1$ により，$\mathrm{dep}(M/aM)=\dim(M/aM)$．▮

$\bar{M}=M/aM$ は $\bar{A}=A/aA$ 加群でもある．定理1.8によると，$\mathrm{dep}_A\bar{M}=\mathrm{dep}_{\bar{A}}\bar{M}$．一方，$\mathrm{Supp}\,\bar{M}=\mathrm{Supp}\,M\cap V(a)$ だから，$\bar{A}$ 加群とみても A 加群とみても $\dim\bar{M}$ はかわらない．ゆえに $\bar{M}$ が A 加群として Cohen-Macaulay 加群ならば，$\bar{A}$ 加群としても Cohen-Macaulay 加群である．とくに，A が Cohen-Macaulay 環のとき，$\dim V(a)=\dim A-1$ なる a をとると，$\bar{A}=A/aA$ も Cohen-Macaulay 環となることが示された．

d）補題1.5　A を Cohen-Macaulay 局所環，$\mathfrak{m}$ をその極大イデアルとし，$\mathfrak{p}$ を A の素イデアルとする．$A_{\mathfrak{p}}$ も Cohen-Macaulay 局所環になる．

証明　$r=\mathrm{ht}(\mathfrak{p})$ とおく．そのとき $a_1,\cdots,a_r\in\mathfrak{p}$ があり，つぎの性質を満たす：

（i）$(a_1,\cdots,a_r)$ は A 正則列，

(ii)　$\dim(A/\mathfrak{p})=\dim(A/(a_1A+\cdots+a_rA))=\dim A-r$．

これを r についての帰納法で示す．$r=0$ ならば $\mathfrak{p}$ は極小素イデアル．よって，(ii) も当然である．$r\geqq 1$ としよう．A は Cohen-Macaulay 環だから $\mathfrak{p}\notin\mathrm{Ass}\,A$．

よって，$\mathfrak{p}$ の元で，A 正則な元 a_1 がある．$\bar{A}=A/a_1A$ とおくと，§1.6, a) の注意により，$\dim \bar{A}=\dim A-1$．また定理 1.9 (ii) により，$\bar{A}$ も Cohen-Macaulay 環．一方，$\bar{\mathfrak{p}}=\mathfrak{p} \bmod a_1A$ とおくと，

$$\bar{A}_{\bar{\mathfrak{p}}} = A_{\mathfrak{p}}/a_1A_{\mathfrak{p}}.$$

a_1 は $A_{\mathfrak{p}}$ 正則なので $\dim \bar{A}_{\bar{\mathfrak{p}}}=\dim A_{\mathfrak{p}}-1=r-1$ になる．よって，帰納法の仮定により $\bar{a}_2\,(=a_2 \bmod a_1A)$, …, $\bar{a}_r \in \bar{A}$ があり，上の条件 (i), (ii) を満たす．すると，$(a_1, \cdots, a_r)$ も (i), (ii) を満たす．

さて，$\tilde{a}_j=a_j/1 \in A_{\mathfrak{p}}$ とみると，

$\widetilde{\text{(i)}}$ $(\tilde{a}_1, \cdots, \tilde{a}_r)$ は $A_{\mathfrak{p}}$ 正則列,

$\widetilde{\text{(ii)}}$ $\dim (A_{\mathfrak{p}}/\mathfrak{p}A_{\mathfrak{p}}) = 0$

を満たす．よって，$\operatorname{dep} A_{\mathfrak{p}} \geqq r$．一方，$r=\operatorname{ht}(\mathfrak{p})=\dim A_{\mathfrak{p}}$．それゆえ定理 1.7 を用いると，$\operatorname{dep} A_{\mathfrak{p}}=\dim A_{\mathfrak{p}}$ を得る．よって $A_{\mathfrak{p}}$ は Cohen-Macaulay 局所環になった．さらに，$a_1, \cdots, a_r \in \mathfrak{R}(A)=\mathfrak{m}$ なのだから，§1.6, a) の注意により，

$$\dim (A/(a_1A+\cdots+a_rA)) = \dim A-r. \qquad \blacksquare$$

補題 1.6 A を Cohen-Macaulay 局所環とする．$\mathfrak{a}$ を A のイデアルとすると，

$$\operatorname{ht}(\mathfrak{a})+\dim (A/\mathfrak{a}) = \dim A.$$

証明 $\mathfrak{a}$ が素イデアルのときは前の補題で示されている．一般のイデアル $\mathfrak{a}$ に対しては，

$$\begin{aligned}\operatorname{ht}(\mathfrak{a}) &= \min \{\operatorname{ht}(\mathfrak{p})\,;\, \mathfrak{p}\supset\mathfrak{a}\}\\ &= \min \{\dim A-\dim (A/\mathfrak{p})\,;\, \mathfrak{p}\supset\mathfrak{a}\}\\ &= \dim A-\max \{\dim (A/\mathfrak{p})\,;\, \mathfrak{p}\supset\mathfrak{a}\}.\end{aligned}$$

一方，定義により

$$\dim (A/\mathfrak{a}) = \max \{\dim (A/\mathfrak{p})\,;\, \mathfrak{p}\supset\mathfrak{a}\}. \qquad \blacksquare$$

e) **定理 1.10** 正則局所環は Cohen-Macaulay 環である．

証明 A を n 次元の正則局所環とし，その極大イデアルを $\mathfrak{m}$ と書く．定義により，$a_1, \cdots, a_n \in \mathfrak{m}$ が存在して，$\mathfrak{m}=a_1A+\cdots+a_nA$ と書かれる．そこで主張を $n=\dim A$ についての帰納法で示す．A は整域だから，a_1 は A 正則である．さて $\bar{A}=A/a_1A$ とおくと，$\bar{A}$ も正則局所環となる．なぜならば，$\bar{a}_j=a_j \bmod a_1A$ とおくと，$(\bar{a}_2, \cdots, \bar{a}_n)$ が $\mathfrak{m}/aA$ を生成するからである．さて，帰納法の仮定により，$\bar{A}$ は Cohen-Macaulay 環になる．よって，$\operatorname{dep} \bar{A}=\dim \bar{A}=n-1$．一方，

dep A=dep $\bar{A}+1$ だから dep A=dim A. したがって，A も Cohen-Macaulay 環になる. ▮

注意　正則局所環 A が与えられたとき，その極大イデアルから，$l_1, \cdots, l_s$ をとり，dim $V(l_1, \cdots, l_s)$=dim $A-s$ とする. このとき，定理 1.9 (ii) をくり返し用いることにより，$A/\sum l_j A$ が Cohen-Macaulay 環になることがわかる. とくに，定理 1.9 (i) によると，$\sum l_i A$ は埋没因子を持たない.

上の事実こそ，I，§2.11 で言明した，Cohen の定理である.

f)　さて，Noether 環 A は，そのすべての極大イデアル $\mathfrak{m}$ による局所化 $A_\mathfrak{m}$ が Cohen-Macaulay 環のとき，**Cohen-Macaulay 環**とよばれる.

定理 1.11 (F. S. Macaulay)　A を Cohen-Macaulay 環とする. A 上の多項式環 $A[X_1, \cdots, X_n]$ も Cohen-Macaulay 環になる.

証明　$n=1$ のとき証明すればよい. $X=X_1$ と書こう. $\mathfrak{m}$ を $A[X]$ の極大イデアルとし，$\mathfrak{p}=A\cap\mathfrak{m}$ とおけば，これは素イデアルである. $\mathfrak{p}$ を含む A の極大イデアルを $\mathfrak{n}$ としよう. $A_\mathfrak{n}$ は Cohen-Macaulay 環である. このとき，$A_\mathfrak{p}$ も Cohen-Macaulay 環であることが補題 1.5 で証明されている.

さて，$A[X]_\mathfrak{m}=(A_\mathfrak{p}[X])_{\mathfrak{m}B}$ (ここに $B=A_\mathfrak{p}[X]$) となるので結局，$A=A_\mathfrak{p}$，いいかえると，A は局所環で，$\mathfrak{m}\cap A$ は A の極大イデアル $\mathfrak{p}$ と仮定できることがわかった. また，同型 $j: A[X]/\mathfrak{p}A[X] \simeq A/\mathfrak{p}[X]$ に注意すると，$\mathfrak{m}/\mathfrak{p}A[X]$ は $A/\mathfrak{p}[X]$ の極大イデアルである. よって，$A/\mathfrak{p}[X]$ の既約多項式 $f_1(X)$ により，$\mathfrak{m}/\mathfrak{p}A[X]=j^{-1}(f_1(X))A[X]/\mathfrak{p}A[X]$ と表される. そこで，$f_1(X)\in A/\mathfrak{p}[X]$ の係数の代表を A からとり $F(X)\in A[X]$ を一つ定める. すなわち，$F(X)$ mod $\mathfrak{p}A[X]=f_1(X)$. さて，$a_1, \cdots, a_n \in \mathfrak{p}$ (n=dim A) をとり，これらが A 正則列をつくるとしよう. $a_1, \cdots, a_n, F(X)$ が $(A[X])_\mathfrak{m}$ 正則になることをみる. それには，$(a_1, \cdots, a_n)$ は $A[X]_\mathfrak{m}$ 正則だから，$F(X)$ が

$$A[X]_\mathfrak{m}\Big/\sum_{j=1}^{n} a_j A[X]_\mathfrak{m} \simeq (A/\sum a_j A)[X]$$

において，単射 $\cdot F(X)$ を定めることをみればよい.

$$\bar{F}(X) = F(X) \bmod \sum a_j A[X]$$

とおこう. $\bar{F}(X)$ が $(A/\sum a_j A)[X]$ の零因子，これをいいかえると，$\bar{F}(X)$ の係数がすべて $A/\sum a_j A$ の零因子，である. しかし，$f_1(X)\neq 0$ だから，$\bar{F}(X)$ は $A/\sum a_j A[X]$ の零因子ではありえない. ▮

g) さて，A を Cohen-Macaulay 環とし，$a_1, \cdots, a_r \in A$ をとり $\mathfrak{a}=\sum a_j A$ とおき，$\mathrm{ht}\,(\mathfrak{a})=r$ を仮定する．$\mathfrak{a}$ の素因子を $\mathfrak{p}$ とおき，$\mathfrak{p}$ を含む A の極大イデアルを $\mathfrak{m}$ と書く．$\mathfrak{p}A_\mathfrak{m}$ は $\mathfrak{a}A_\mathfrak{m}$ の素因子だから，定理1.9によって，$\mathrm{ht}\,(\mathfrak{p}A_\mathfrak{m})=\mathrm{ht}\,(\mathfrak{a}A_\mathfrak{m})=r$. よって $\mathrm{ht}\,(\mathfrak{p})=r$ である．

かくして，k を体とするとき，$k[X_1, \cdots, X_n]$ のイデアル $\mathfrak{a}$ が r 個の元で生成され，かつ $\mathrm{ht}\,(\mathfrak{a})=r$ ならば，$\mathfrak{a}$ は埋没素因子を持たないことがわかった．これが Macaulay の定理の素朴な定式化であり，I，§2.11の例2.7で必要とされた形である．

§1.8 ホモロジー次元の概念

a) A を環，M を A 加群とする．ホモロジー代数で基本的な次元の概念(射影次元と単射次元)を導入しよう．

$$\text{proj. dim}\, M = \min\{n\,;\, 0\leftarrow M\leftarrow P_0\leftarrow P_1\leftarrow\cdots\leftarrow P_n\leftarrow 0\ (\text{完全}),\ \text{各}\ P_j\ \text{は射影的}\ A\ \text{加群}\}$$

を M の**射影次元**といい，

$$\text{inj. dim}\, M = \min\{m\,;\, 0\rightarrow M\rightarrow I_0\rightarrow I_1\rightarrow\cdots\rightarrow I_m\rightarrow 0\ (\text{完全}),\ \text{各}\ I_j\ \text{は単射的}\ A\ \text{加群}\}$$

を M の**単射次元**という．

定義より直ちにつぎの諸性質を得る．

定理 1.12 (i) $\text{proj. dim}\, M\leqq n$ ならば，任意の $i>n$，A 加群 N に対して，

$$\mathrm{Ext}_A{}^i(M, N) = 0.$$

(ii) 任意の A 加群 N に対して，$\mathrm{Ext}_A{}^{n+1}(M, N)=0$ ならば，M の射影次元

$$\text{proj. dim}\, M \leqq n.$$

証明 (i) は自明である．

(ii)の証明．M の射影的 A 加群 $P_0, P_1, \cdots$ による分解を考える：

$$0\longleftarrow M\longleftarrow P_0\longleftarrow P_1\longleftarrow\cdots\longleftarrow P_n\longleftarrow P_{n+1}\longleftarrow\cdots,$$

$R=\mathrm{Im}\,(P_n\rightarrow P_{n-1})$ とおくと，

$$0\longleftarrow M\longleftarrow P_0\longleftarrow P_1\longleftarrow\cdots\longleftarrow P_{n-1}\longleftarrow R\longleftarrow 0\quad(\text{完全})$$

を得る．R の定義式の完全系列

$$0\longleftarrow R\longleftarrow P_n\longleftarrow P_{n+1}\longleftarrow\cdots$$

によると，$\mathrm{Ext}_A{}^1(R, N)=H(P_{n+2}\to P_{n+1}\to P_n)$ (ここに $H(\cdot)$ は，系列・のホモロジー群を示す)．一方，定義により，

$$\mathrm{Ext}_A{}^{n+1}(M, N)=H(P_{n+2}\to P_{n+1}\to P_n).$$

よって，仮定から $\mathrm{Ext}_A{}^1(R, N)=0$. これが任意の N について成り立つから，R は射影的 A 加群．よって，$P_0, \cdots, P_{n-1}, R$ により，M の射影的分解ができたから，$\mathrm{proj.\,dim}\, M\leqq n$. ▮

b) 単射的加群と単射次元とについても完全に同様の定理が成立する．同様の議論によって証明すればよい．

もっとも単射的加群にはより扱い易い面も指摘できるのである．

補題 1.7 M を A 加群とする．任意の A のイデアル I に対して $\mathrm{Hom}\,(A, M)\to\mathrm{Hom}\,(I, M)$ が全射ならば，M は単射的 A 加群である．

証明 任意の A 加群の延長 $0\to N'\to N$ および $f': N'\to M$ をとる．f' が $N\to M$ に延長されることを証明すればよい．N' と N の中間の加群 N_λ にまで f' が $f_\lambda: N_\lambda\to M$ と延長されたとして，こういう (N_λ, f_λ) の全体を考え，$\mathcal{F}$ とおき，これに順序を入れる．すなわち，$(N_\lambda, f_\lambda)<(N_\mu, f_\mu)$ とは，つぎの可換図式の成り立つこと，と定義するのである．$\mathcal{F}\ni(N', f')$ だから $\mathcal{F}\neq\phi$.

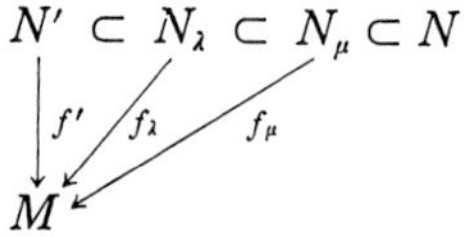

図式 1.1

さらに $\mathcal{F}$ は帰納的順序集合になることが直ちにみてとれる．ゆえに，極大元 (N_*, f_*) がある．$N_*\neq N$ としよう．$x\in N-N_*$ をとり $I=\{a\in A\,;\, ax\in N_*\}=(N_*: x)$ とおくと，I は A のイデアル．$\varphi: I\to M$ を $\varphi(a)=f_*(ax)\in M$ で定める．φ は仮定により $\psi: A\to M$ に延長される．すると，$\varphi(a)=\psi(a\cdot 1)=a\psi(1)$ と書けるから，$f_*(ax)=a\psi(1)$. $N^\circ=N_*+Ax$ とおこう．$f_*: N_*\to M$ を $f^\circ: N^\circ\to M$ に延長する．$bx\in Ax$ に対しては，$\varphi^\circ(bx)=b\psi(1)$ とおき，$\varphi^\circ: Ax\to M$ を定義する．すると，$Ax\cap N_*=Ix$ だから，$\varphi^\circ\,|\,Ax\cap N_*=f_*\,|\,Ax\cap N_*$. よって，$f^\circ\,|\,N_*=f_*$，$f^\circ\,|\,Ax=\varphi^\circ$ により，$f^\circ: N^\circ\to M$ が定義される．$(N^\circ, f^\circ)>(N_*, f_*)$，かつ $N^\circ\neq N_*$ だから，これは (N_*, f_*) の極大性に反する．▮

c) A 加群 M, 射影的 A 加群 P, および全射 $P\to M$ があれば，$T=\mathrm{Ker}\,(P$

$\to M$) とおき，短完全系列

$$0 \longrightarrow T \longrightarrow P \longrightarrow M \longrightarrow 0$$

を得る．さて，A 加群 N をとると，

$$\longrightarrow \mathrm{Ext}_A{}^i(P, N) \longrightarrow \mathrm{Ext}_A{}^i(T, N)$$
$$\longrightarrow \mathrm{Ext}_A{}^{i+1}(M, N) \longrightarrow \mathrm{Ext}_A{}^{i+1}(P, N) \longrightarrow \cdots \quad (\text{完全})$$

ができる．ゆえに $i>0$ ならば $\mathrm{Ext}_A{}^i(P, N)=\mathrm{Ext}_A{}^{i+1}(P, N)=0$ となるから，

$$\mathrm{Ext}_A{}^i(T, N) \simeq \mathrm{Ext}_A{}^{i+1}(M, N).$$

すなわち，$\mathrm{proj.\,dim}\, M<\infty$ ならば，

$$\mathrm{proj.\,dim}\, M-1 = \mathrm{proj.\,dim}\, T$$

となる．同様にして，$\mathrm{proj.\,dim}\, M=\infty$ ならば，$\mathrm{proj.\,dim}\, T=\infty$ にもなることがわかるから，$\infty-1=\infty$ と考えて，つねに，$\mathrm{proj.\,dim}\, M-1=\mathrm{proj.\,dim}\, T$ を得る．

さて，A が局所 Noether 環，M が有限生成 A 加群のとき，上のような P をつくる方法がしられている．すなわち，$\mathfrak{m}$ を A の極大イデアル，$k=A/\mathfrak{m}$ とおき，$M\otimes k$ は k 上の有限次元ベクトル空間になることを利用するのである．$M\otimes k$ の底を $\bar{x}_1, \cdots, \bar{x}_u$ ($\bar{x}_i=x_i \bmod \mathfrak{m}M$) とおき

$$\begin{array}{ccc} A^u & \xrightarrow{\varphi} & M \\ \cup\!\!\!\!\cup & & \cup\!\!\!\!\cup \\ (a_1, \cdots, a_u) & \longmapsto & \sum a_i x_i \end{array}$$

と A 準同型 φ を定義する．$(\mathrm{Coker}\,\varphi)\otimes k=0$ だから，中山の補題により $\mathrm{Coker}\,\varphi=0$. したがって，$\varphi$ は全射になる．したがって，

$$\mathrm{proj.\,dim}\, M = \mathrm{proj.\,dim}\,\mathrm{Ker}\,\varphi+1.$$

さらに，$\mathrm{Ker}\,\varphi$ は有限生成 A 加群だから，同様の考察をつづけて，A 有限生成自由加群 F_i らによる，$M\neq 0$ の分解

$$F_j \longrightarrow F_{j-1} \longrightarrow \cdots \longrightarrow F_0 = A^u \longrightarrow M \longrightarrow 0$$

を得る．これを，M の極小分解 (minimal resolution) という．いつか $F_j=0$ になれば，($F_{j-1}\neq 0$ として) $\mathrm{proj.\,dim}\, M=j-1$ になる．いつまでも $F_j\neq 0$ のとき，$\mathrm{proj.\,dim}\, M=\infty$ とおくのである．

d) $\mathrm{proj.\,dim}\, M=\infty$ となる例をつくってみよう．$A=k[X]/X^2k[X]$ とおくと，A は双数の環になる．すなわち，$\varepsilon=X \bmod X^2k[X]$ とおけば，$A=k[\varepsilon]$

(ただし $\varepsilon^2=0$) となる.

$$0 \longrightarrow \varepsilon A \longrightarrow A \longrightarrow k = A/\varepsilon A \longrightarrow 0$$

は完全系列であり, $\varepsilon A \simeq k$ を得る. ゆえに,

$$\text{proj. dim}\, k-1 = \text{proj. dim}\, \varepsilon A = \text{proj. dim}\, k.$$

これより, proj. dim $k=\infty$ は当然であろう.

もう一例あげてみる. $R=k[[X_1, \cdots, X_n]]$, $k=R/\mathfrak{m}$, $\mathfrak{m}=\sum X_i R$, ∂_0 を mod $\mathfrak{m}$ とおく.

$$R^n \xrightarrow{\partial_1} R \xrightarrow{\partial_0} k \longrightarrow 0,$$

$$\sum \alpha_i \boldsymbol{e}_i = (\alpha_1, \cdots, \alpha_n) \longmapsto \sum \alpha_i X_i$$

と R 準同型 ∂_1: $R^n \to R$ を定義しよう. Ker ∂_1 は容易に求まり, つぎの完全系列の中へ実現される:

$$\begin{array}{ccc} R^{\binom{n}{2}} & \xrightarrow{\partial_2} & R^n \xrightarrow{\partial_1} R \\ \cup\!\!\!\shortmid & & \cup\!\!\!\shortmid \\ \sum_{i<j} \alpha_{ij} \boldsymbol{e}_{ij} & \longmapsto & \sum \alpha_{ij} (X_i \boldsymbol{e}_j - X_j \boldsymbol{e}_i). \end{array}$$

同様にして, $\partial_i : R^{\binom{n}{i}} \to R^{\binom{n}{i-1}}$ が定まり, 結局, 完全系列

$$0 \longrightarrow R \xrightarrow{\partial_n} R^n \longrightarrow \cdots \longrightarrow R^{\binom{n}{2}} \xrightarrow{\partial_2} R^n \xrightarrow{\partial_1} R \longrightarrow k \longrightarrow 0$$

を得るので, proj. dim $k=n$ を得る.

上の系列は, §2.5 において Koszul 複体として一般化される.

例 1.6　こんどは $R=k[[x^2, x^3]]$ とおく. $\mathfrak{m}=x^2R+x^3R$, $k=R/\mathfrak{m}$ なので

$$\begin{array}{ccc} R^2 & \xrightarrow{\partial_1} & R \longrightarrow k \longrightarrow 0 \quad (\text{完全}) \\ \cup\!\!\!\shortmid & & \cup\!\!\!\shortmid \\ \alpha \boldsymbol{e}_1 + \beta \boldsymbol{e}_2 & \longmapsto & \alpha x^2 + \beta x^3 \end{array}$$

により, ∂_1 を定める. すると,

$$\begin{aligned} \text{Ker}\, \partial_1 &= \{\alpha \boldsymbol{e}_1 + \beta \boldsymbol{e}_2 ; \alpha + \beta x = 0\} \simeq \{\beta \in R ; \beta = b_0 x^2 + \cdots \in k[[x]]\} \\ &= x^2 R + x^3 R = \mathfrak{m}. \end{aligned}$$

ゆえに

$$\begin{array}{ccc} R^2 & \xrightarrow{\partial_2} & \mathfrak{m} \simeq \text{Ker}\, \partial_1 (\subset R^2) \longrightarrow 0 \\ \cup\!\!\!\shortmid & & \\ \alpha \boldsymbol{e}_1 + \beta \boldsymbol{e}_2 & \longmapsto & \alpha x^2 + \beta x^3 \simeq -(\alpha x^2 + \beta x^3) x \boldsymbol{e}_1 + (\alpha x^2 + \beta x^3) \boldsymbol{e}_2. \end{array}$$

よって, 完全系列

$$0 \longrightarrow \mathfrak{m} \longrightarrow R^2 \xrightarrow{\partial_1} \mathfrak{m} \longrightarrow 0$$

ができたから，

$$\text{proj. dim}\,\mathfrak{m} = \text{proj. dim}\,\mathfrak{m}-1,$$
$$\text{proj. dim}\,k = \text{proj. dim}\,\mathfrak{m}+1.$$

よって，proj. dim $\mathfrak{m}=\infty$，proj. dim $k=\infty$ を得る．

§1.9　大域的ホモロジー次元

環 A の大域的ホモロジー次元 gl. hd(A) を定義しよう．

$$\text{gl. hd}\,(A) = \max\,\{\text{proj. dim}\,M\,;\,M \text{ は } A \text{ 加群}\}$$

(最大値がないときは ∞ とおく)．定理 1.12 によって，

$$\text{gl. hd}\,(A) = \max\,\{n\,;\,\text{Ext}_A{}^n(M, N) \neq 0 \text{ となる } M, N \text{ がある}\}$$

といいかえられる．したがって，

$$\text{gl. hd}(A) = \max\,\{\text{inj. dim}\,N\,;\,N \text{ は } A \text{ 加群}\}.$$

一方，補題 1.7 によると，

$$\text{gl. hd}\,(A) = \max\,\{n\,;\,\text{Ext}_A{}^n\,(A/I, N) \neq 0 \text{ となる イデアル } I \text{ と } A \text{ 加群 } N \text{ がある}\}$$

と特殊化できる．よって，

$$\begin{aligned}\text{gl. hd}\,(A) &= \max\,\{\text{proj. dim}\,M\,;\,M \text{ は有限生成 } A \text{ 加群}\}\\ &= \max\,\{\text{proj. dim}\,A/I\,;\,I \text{ は } A \text{ のイデアル}\}.\end{aligned}$$

§1.10　Tor と次元

つぎに，$\otimes$ の導来関手 Tor を用いて，一層簡明な結果に到達する．

定理 1.13　A を局所 Noether 環，k をその極大イデアル $\mathfrak{m}$ による剰余体とする．M が有限生成 A 加群のとき，つぎの条件を満たす r があったとしよう：

(i)　$\text{Tor}_{r+1}{}^A(M, k) = 0,$

(ii)　$\text{Tor}_r{}^A(M, k) \neq 0.$

このとき，$r=$proj. dim M．逆に，$M \neq 0$ のとき，$r=$proj. dim M とおくと，上の (i) と (ii) とを満たす．

証明　r についての帰納法で示す．$r=0$ とおくと，(ii) により，$M \neq 0$ を得る．

一方, $\mathrm{Tor}_1^A(M, k)=0$ から, M は A の有限個の直和が証明される. 実際, §1.8, c) と同様に, $M\otimes_A k=M/\mathfrak{m}M\ (=x_1 \bmod \mathfrak{m}M)$ の k 底 $\bar{x}_1, \cdots, \bar{x}_u$ を与える $x_1, \cdots, x_u \in M$ を選び,

$$\begin{array}{cccc} \varphi\colon & A^u & \longrightarrow & M \\ & \Psi & & \Psi \\ & (a_1, \cdots, a_u) & \longmapsto & \sum a_i x_i \end{array}$$

をつくる. $Q=\mathrm{Coker}\,\varphi$ とおき, $\otimes_A k$ を作用させる. すると,

$$\begin{array}{ccccccc} A^u\otimes k & \longrightarrow & M\otimes k & \longrightarrow & Q\otimes k & \longrightarrow & 0 \\ \| & & \| & & & & \\ k^u & & k^u & & & & \end{array}$$

なる完全系列を得る. 一方, $x_1, \cdots, x_u$ の選び方から, 左の準同型は全射. よって $Q\otimes k=0$. さて, 中山の補題が使えるから $Q=0$. こんどは $R=\mathrm{Ker}\,\varphi$ とおく.

$$0 \longrightarrow R \longrightarrow A^u \longrightarrow M \longrightarrow 0 \quad (\text{完全})$$

に $\otimes_A k$ を働かせて, 完全系列

$$\mathrm{Tor}_1^A(M, k) \longrightarrow R\otimes_A k \longrightarrow A^u\otimes_A k \longrightarrow M\otimes_A k \longrightarrow 0$$

を得る. $\mathrm{Tor}_1^A(M, k)=0$ を仮定したし, $A^u\otimes_A k$ と $M\otimes_A k$ は同じ次元の k ベクトル空間だから, 右の準同型は同型. ゆえに $R\otimes_A k=0$. 中山の補題により $R=0$. よって $A^u \simeq M$.

このことは重要な結論でよく用いられるから, 補題の形でまとめておこう.

補題 1.8　A を局所 Noether 環, M を有限生成 A 加群とするとき, つぎの条件は互いに同値である:

(i)　M は自由 A 加群,

(ii)　M は射影的 A 加群,

(iii)　M は平坦 A 加群,

(iv)　$\mathrm{Tor}_1^A(M, k) = 0$.

証明　(i) $\Longrightarrow$ (ii) $\Longrightarrow$ (iii) $\Longrightarrow$ (iv) はおのずと明らか. (iv) $\Longrightarrow$ (i) は上にみた. ∎

さて, 定理 1.13 の証明に戻ろう. M の或る射影分解を考えその最初の射影的加群 P をとり, 短完全系列

$$0 \longleftarrow M \longleftarrow P \longleftarrow T \longleftarrow 0$$

をつくる. $\otimes_A k$ を作用させ, 長完全系列

$$\mathrm{Tor}_p{}^A(P,k) \longleftarrow \mathrm{Tor}_p{}^A(T,k) \longleftarrow \mathrm{Tor}_{p+1}{}^A(M,k) \longleftarrow \mathrm{Tor}_{p+1}{}^A(P,k)$$

を得る．これによって $p>0$ ならば，

$$\mathrm{Tor}_p{}^A(T,k) \rightleftarrows \mathrm{Tor}_{p+1}{}^A(M,k).$$

したがって，M が r に関し(i), (ii)を満たすならば，T は $r-1$ につき (i), (ii) を満たす．帰納法の仮定によると，proj. dim $T=r-1$．一方，proj. dim $M=$ proj. dim $T+1$ だから，$r=$proj. dim M である．

逆の証明を行う．$M\neq 0$ として，$\rho=\min\{r\,;\,s>r$ に対し，$\mathrm{Tor}_s{}^A(M,k)=0\}$ とおく．$\mathrm{Tor}_0{}^A(M,k)=M\otimes k$ は，中山の補題により 0 でない．よって $\rho\geqq 0$．したがって，定理の前半によると，$\rho=$proj. dim M. ∎

系　A を局所 Noether 環，その極大イデアルを $\mathfrak{m}$，$k=A/\mathfrak{m}$ とすると，

$$\mathrm{gl.\,hd}(A) = \mathrm{proj.\,dim}\, k = \mathrm{proj.\,dim}\, \mathfrak{m}-1.$$

§1.11　正則局所環の大域的次元

a)　**定理 1.14**　A を局所 Noether 環，$\mathfrak{m}$ をその極大イデアル，$M\neq 0$ を有限生成 A 加群とする．$a\in\mathfrak{m}$ が M 正則のとき，

$$\mathrm{proj.\,dim}\,(M/aM) = \mathrm{proj.\,dim}\, M+1.$$

証明　$M'=M/aM$ とおき，完全系列

$$0 \longrightarrow M \xrightarrow{\cdot a} M \longrightarrow M' \longrightarrow 0$$

をつくる．$k=A/\mathfrak{m}$ とおきそれに $\otimes_A k$ を作用させる．$r=$proj. dim M とすると，$a\in\mathfrak{m}$ だから $M\otimes k=M/\mathfrak{m}M \xrightarrow{\cdot a} M\otimes k=M/\mathfrak{m}M$ は零写像．同様に，$\mathrm{Tor}_p{}^A(M,k) \xrightarrow{\cdot a} \mathrm{Tor}_p{}^A(M,k)$ も零写像である．ゆえに，完全系列

$$0 \longrightarrow \mathrm{Tor}_p{}^A(M,k) \longrightarrow \mathrm{Tor}_p{}^A(M',k) \longrightarrow \mathrm{Tor}_{p-1}{}^A(M,k) \longrightarrow 0$$

を得る．$p=r+1$ とおくと，$\mathrm{Tor}_r{}^A(M,k)\neq 0$ によって，$\mathrm{Tor}_{r+1}{}^A(M',k)\neq 0$．ついで，$p=r+2$ とおけば，$\mathrm{Tor}_{r+2}{}^A(M,k)=\mathrm{Tor}_{r+1}{}^A(M,k)=0$ である．よって，$\mathrm{Tor}_{r+2}{}^A(M',k)=0$．ゆえに，$r+1=$proj. dim M'. ∎

b)　上の定理によると，proj. dim $(M/aM)=$proj. dim $M+1$．すなわち，dep のときと異なり，proj. dim は M 正則な a で切るごとに増大してしまう．とりわけ，$\mathfrak{m}$ の元よりなる $(a_1, \cdots, a_r)$ が M 正則列ならば，

$$\mathrm{proj.\,dim}\,(M/\textstyle\sum a_iM) = \mathrm{proj.\,dim}\, M+r.$$

さらに $M=A$ とおくと，proj. dim $A=0$ であるから，

$$\text{proj. dim}\,(A/\sum a_i A) = r.$$

もっとも極端に，A を正則局所環，$(a_1, \cdots, a_n)$ を正則パラメータ系とすると，$\sum a_i A=\mathfrak{m}$ だからつぎの系を得る．

系　A が正則局所環のとき，

$$\text{proj. dim}\,(A/\mathfrak{m}) = n. \qquad \text{——}$$

一方，定理 1.13 によると，gl. hd (A) = proj·dim $(A/\mathfrak{m})$．よってつぎの定理を得る．

定理 1.15 (M. Auslander, D. A. Buchsbaum)　A が n 次元正則局所環ならば，

$$\text{gl. hd}\,(A) = n. \qquad \text{——}$$

§1.12　Serre の定理

a)　興味深い事実は，この逆が成り立つことである．

定理 1.16 (J.-P. Serre)　A を gl. hd $(A)<\infty$ の局所 Noether 環とする．すると，A は正則局所環である．——

証明はつぎの d) で行う．その前に一つの系をのべる．

b)　**系**　A が正則局所環のとき，$\mathfrak{p}\in\operatorname{Spec} A$ による局所化 $A_\mathfrak{p}$ も正則局所環である．

証明　M と N を $A_\mathfrak{p}$ 加群とし，A 加群ともみる．$M\mapsto M_\mathfrak{p}$ は完全関手だから，$\operatorname{Ext}_A{}^p(M, N)_\mathfrak{p}=\operatorname{Ext}_{A_\mathfrak{p}}{}^p(M, N)$ が成り立つ．よって，proj. dim $M_\mathfrak{p}\leqq$ proj. dim M．ゆえに，gl. hd$(A_\mathfrak{p})\leqq$ gl. hd$(A)<\infty$．定理 1.16 により $A_\mathfrak{p}$ は正則局所環である．∎

c)　Noether スキーム X の点 x があって $A=\mathcal{O}_{X,x}$ とかけているとき，$A_\mathfrak{p}=\mathcal{O}_{X,y}$ なる y は x の一般化点である．ところで，“x が非特異 $\Leftrightarrow$ A が正則局所環”と理解することができる．x の一般化点 y はやはり非特異になることは当然なので，定理 1.16 の系の主張は，幾何学的に当然そうあってほしいし，もし成立しないなら，どこか変に違いない，ともいえるほど明白であるべき事柄である．そして，実際に証明されるのだが，ホモロジー代数という長いトンネルを経由することが，必要となるのである．

とくに I，§2.7 で扱った場合，すなわち，基礎体を代数的閉体にしたときを考

えてみる．アフィン多様体 V は $\boldsymbol{A}^n$ の閉部分多様体で，素イデアル $\mathfrak{p}=(f_1, \cdots, f_m)$ により定義されているとしよう．$r=\dim V$ ならば，Jacobi 行列 $\partial(f_1, \cdots, f_m)/\partial(X_1, \cdots, X_n)$ を考え，その $r\times r$ 小行列式を $M_1(X), \cdots, M_s(X)$ とおいた．V の特異点集合 $\mathrm{Sing}\, V$ は，

$$\mathrm{Sing}\, V = V(M_1(X), \cdots, M_s(X)) \cap V \subset V \subset \boldsymbol{A}^n$$

と書かれる．よって $\mathrm{Sing}\, V$ は閉集合である．$y\in \mathrm{Sing}\, V$ ならば，その特殊化(点) x も $\mathrm{Sing}\, V$ に属する．逆に対偶をとると，$x\in \mathrm{Reg}\, V=V-\mathrm{Sing}\, V$ ならば $y\in \mathrm{Reg}\, V$．これが上に書いた“幾何学的に当然”の根拠なのである．一般の代数多様体は，アフィンのそれで開被覆されるから，$\mathrm{Reg}\, V$ はむろん開集合である．しかし，X を Noether スキームとし，

$$\mathrm{Reg}\, X = \{x\,;\, \mathcal{O}_{X,x} \text{ は正則局所環}\}$$

とおくと，これは一般に開集合にならない．定理 1.16 の系の主張は，$x\in \mathrm{Reg}\, X$ ならば x の一般化点 y も $\mathrm{Reg}\, X$ に属する，というにすぎず，これだけでは $\mathrm{Reg}\, X$ の開集合を言うには不十分なのである．さらに，$\mathrm{Reg}\, X$ が構成集合になる等の主張ができるように，スキーム X に条件をつけねばならない．たとえば，完備局所環や標数 0 の Dedekind 環(さらに一般には，擬幾何学的環)上有限生成の X については，$\mathrm{Reg}\, X$ が開集合になることが知られている(永田)．これは非常に深い結果であり，特異点解消理論などでも有効に使われる本質的な内容のあるものなのである．

ともあれ，Noether スキームについて Reg が一般には開集合にならない以上，定理 1.16 (およびその系)は奇蹟的に正しいということができよう．奇蹟を起したもの，それこそホモロジー代数なのである．

注意　I，§2.7 で代数多様体 V について，$\mathrm{Reg}\, V$ が開集合であることを証明したわけではない．$J\mathrm{Reg}\, V=V-V(M_1(X), \cdots, M_s(X))\cap V$ とおくとき，V の閉点集合 $\boldsymbol{V}$ をとれば，$J\mathrm{Reg}\, V\cap \boldsymbol{V}$ が非特異点のみよりなる，ということが証明されたにすぎなかった．定理 1.16 の系によれば，$y\in \mathrm{Reg}\, V$ は或る $x\in \mathrm{Reg}\, V\cap \boldsymbol{V}$ の一般化点なので，これを用いると，$J\mathrm{Reg}\, V=\mathrm{Reg}\, V$ を得る．なぜなら，$y\in J\mathrm{Reg}\, V$ をとると，それは或る $x\in J\mathrm{Reg}\, V\cap \boldsymbol{V}=\mathrm{Reg}\, V\cap \boldsymbol{V}$ の一般化点．定理 1.16 の系によると，$y\in \mathrm{Reg}\, V$．ゆえに，

$$J\mathrm{Reg}\, V \subset \mathrm{Reg}\, V.$$

こんどは $z\in \mathrm{Reg}\, V$ をとる．それは $u\in \mathrm{Reg}\, V\cap \boldsymbol{V}=J\mathrm{Reg}\, V\cap \boldsymbol{V}$ の一般化点である．ゆえに $J\mathrm{Reg}\, V$ は開集合なのだから，$z\in J\mathrm{Reg}\, V$ である．

非特異点のヤコビアン判定法(I, 定理2.4)を，一般的に強化しておけば，直ちに Reg V が開集合なことを得る．本来はこのような論法をとる．

d) 定理1.16の証明 (1) A を n 次元局所 Noether 環とする．$\mathrm{gl.\,hd}(A)<\infty$ を仮定しよう．$\mathfrak{m}$ を A の極大イデアルとし，$\mathfrak{m}/\mathfrak{m}^2$ を $k=A/\mathfrak{m}$ 上のベクトル空間とみたてる．$r=\dim_k(\mathfrak{m}/\mathfrak{m}^2)$ とおくとき，$r=0$ または $r\geqq 1$ である．$r=0$ ならば $\mathfrak{m}=\mathfrak{m}^2$．よって，中山の補題により $\mathfrak{m}=0$．すなわち $k=A$ となり，これは体だから正則局所環．$r\geqq 1$ としよう．k は A 加群として，射影的でない．実際，k は A 加群として，有限生成だから，もしさらに A 射影的ならば $k\simeq A$．よって，$\mathfrak{m}=0$ となる．したがって，$r\geqq 1$．よって，$\mathrm{gl.\,hd}(A)\geqq 1$．

(2) $\mathfrak{m}-\mathfrak{m}^2$ の元に非零因子の存在することをみる．そのため一般的なつぎの補題の証明を行う．

補題1.9 A を局所 Noether 環，$\mathfrak{m}$ をその極大イデアルとし，$\mathfrak{m}-\mathfrak{m}^2$ の元はすべて A の零因子としよう．すると，$\mathfrak{m}\in \mathrm{Ass}\,A$．

証明 $\mathfrak{m}=0$ ならば A は体になり，結論は正しい．$\mathfrak{m}\neq 0$ とすると，再び中山の補題を用いて $\mathfrak{m}\neq\mathfrak{m}^2$．さて，仮定により，定理1.1(ii)を用いると，

$$\mathfrak{m}-\mathfrak{m}^2\subset\{\textstyle\bigcup\mathfrak{p}\,;\,\mathfrak{p}\in\mathrm{Ass}\,A\}.$$

これを書きかえて

$$\mathfrak{m}\subset\{\textstyle\bigcup\mathfrak{p}\,;\,\mathfrak{p}\in\mathrm{Ass}\,A\}\cup\mathfrak{m}^2.$$

$\mathrm{Ass}\,A$ は有限集合なので，補題1.3により，或る $\mathfrak{p}\in\mathrm{Ass}\,A$ は $\mathfrak{m}$ を含む．$\mathfrak{m}$ は極大だから，$\mathfrak{m}=\mathfrak{p}\in\mathrm{Ass}\,A$. ∎

さて，$\mathfrak{m}\in\mathrm{Ass}\,A$ のとき，定義により $k=A/\mathfrak{m}\subset A$ となるので，完全系列

$$0\longrightarrow k\longrightarrow A\longrightarrow A/k\longrightarrow 0$$

ができる．$q=\mathrm{proj.\,dim}\,k$ とおくと，$q=\mathrm{gl.\,hd}(A)$ (定理1.13の系)．よって

$$0=\mathrm{Tor}_{q+1}{}^A(A/k,k)\longrightarrow\mathrm{Tor}_q{}^A(k,k)\longrightarrow\mathrm{Tor}_q{}^A(A,k)=0$$

となり，定理1.13に反する．かくして(2)が示された．

(3) さて非零因子 a を $\mathfrak{m}-\mathfrak{m}^2$ から取り出す．さらに $\bar{A}=A/aA$, $\overline{\mathfrak{m}}=\mathfrak{m}/aA$ とおくと，$k=\bar{A}/\overline{\mathfrak{m}}$ だが，$\overline{\mathfrak{m}}/\overline{\mathfrak{m}}^2=\mathfrak{m}/(a,\mathfrak{m}^2)$．よって，$\dim(\overline{\mathfrak{m}}/\overline{\mathfrak{m}}^2)=r-1$．ここでつぎの補題を用いる．

補題1.10 前補題と同じ $A,\mathfrak{m}$ に加え M を有限生成 A 加群とする．さて $a\in\mathfrak{m}$ が A 正則かつ M 正則ならば，

$$\text{proj.}\dim_{\bar{A}}\bar{M} \leqq \text{proj.}\dim_A M.$$

ここに $\bar{A}=A/aA$, $\bar{M}=M/aM$.

証明　$q=\text{proj.}\dim_A M$ とおく．$q<\infty$ のときを証明すればよい．また，$q=0$ とすると M は A 自由加群になるから，$\bar{M}$ も $\bar{A}$ 自由．よって $\text{proj.}\dim_{\bar{A}}\bar{M}=0$. したがって $1\leqq q<\infty$ と仮定できる．M は有限生成だから，その生成元の対応により，A 準同型 $A^n\to M\to 0$ (完全) があるので，これを一つ固定する．$F=A^n$ と書く．また，$N=\text{Ker}\,(F\to M)$ とおこう．F は A 自由なので，定理 1.12 によると，$\text{proj.}\dim_A N=q-1$. a は A 正則だから，むろん F 正則．また仮定により a は M 正則．そこでつぎの可換図式に注目しよう：

$$\begin{array}{ccccccccc}
 & & 0 & & 0 & & 0 & & \\
 & & \downarrow & & \downarrow & & \downarrow & & \\
0 & \longrightarrow & N & \longrightarrow & F & \longrightarrow & M & \longrightarrow & 0 \\
 & & \downarrow{\cdot a} & & \downarrow{\cdot a} & & \downarrow{\cdot a} & & \\
0 & \longrightarrow & N & \longrightarrow & F & \longrightarrow & M & \longrightarrow & 0 \\
 & & \downarrow & & \downarrow & & \downarrow & & \\
0 & \dashrightarrow & \bar{N} & \xrightarrow{\ i\ } & \bar{F} & \longrightarrow & \bar{M} & \longrightarrow & 0 \\
 & & \downarrow & & \downarrow & & \downarrow & & \\
 & & 0 & & 0 & & 0 & &
\end{array}$$

初等的な‘田の字補題’により，i は単射になる．q についての帰納法を用いると，$\text{proj.}\dim_A N=q-1$ なのだから $\text{proj.}\dim_{\bar{A}}\bar{N}\leqq q-1$. 一方，$\bar{F}$ は $\bar{A}$ 自由．よって §1.8, c) によると，$\text{proj.}\dim_{\bar{A}}\bar{N}+1=\text{proj.}\dim_{\bar{A}}\bar{M}$. したがって，$\text{proj.}\dim_{\bar{A}}\bar{M}=\text{proj.}\dim_{\bar{A}}\bar{N}+1\leqq q-1+1=q$. ▮

$M=\mathfrak{m}$ として上の補題の記号をそのまま用いると，$\bar{M}=\overline{\mathfrak{m}}=\mathfrak{m}/a\mathfrak{m}$. これは (3) の $\overline{\mathfrak{m}}=\mathfrak{m}/aA$ と異なる．そこで $\overline{\mathfrak{m}}=\mathfrak{m}/aA$ の記法を用い，$\mathfrak{m}/a\mathfrak{m}$ はこのままの記法で押し通すことにしよう．$\overline{\mathfrak{m}}$ と $\mathfrak{m}/a\mathfrak{m}$ はつぎの補題によってその関連が明らかにされる．

(4)　**補題 1.11**　A を局所 Noether 環，$\mathfrak{m}$ をその極大イデアルとするとき，$a\in\mathfrak{m}-\mathfrak{m}^2$ をとると，$\mathfrak{m}/aA$ は $\mathfrak{m}/a\mathfrak{m}$ の直和因子である．

証明　$a \bmod \mathfrak{m}^2\neq 0$ だから，$a_2,\cdots,a_r\in\mathfrak{m}$ をとり，$a \bmod \mathfrak{m}^2$, $a_2 \bmod \mathfrak{m}^2$, $\cdots$, $a_r \bmod \mathfrak{m}^2$ が $\mathfrak{m}/\mathfrak{m}^2$ の k 基底としよう．$I=a_2A+\cdots+a_rA$ とおくと，中山の補題によって，$aA+I=\mathfrak{m}$. 第 2 同型定理によると

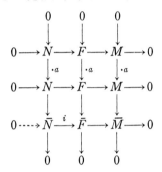

$$\mathfrak{m}/aA = (I+aA)/aA \simeq I/I\cap aA.$$

さて $I\cap aA\subset a\mathfrak{m}$. なぜならば $x\in A$ をとり $ax\in I$ としよう.

$$ax \bmod \mathfrak{m}^2 \in k(a \bmod \mathfrak{m}^2) \cap \sum_{j=2}^{r} k(a_j \bmod \mathfrak{m}^2) = 0.$$

よって $ax\in\mathfrak{m}^2$ なので, $x\in\mathfrak{m}$. かくして, $\psi:\mathfrak{m}/aA=I/I\cap aA\to(I+a\mathfrak{m})/a\mathfrak{m}\subset \mathfrak{m}/a\mathfrak{m}$. ψ は明らかに単射である. しかも ψ は自然な全射準同型 $\mathfrak{m}/a\mathfrak{m}\to\mathfrak{m}/aA$ の切断である. よって, $\mathfrak{m}/aA$ は $\mathfrak{m}/a\mathfrak{m}$ の直和因子である. ∎

(5)　かくて, $\overline{\mathfrak{m}}$ は $\mathfrak{m}/a\mathfrak{m}$ の直和因子になった. ゆえに,

$$\text{proj. dim}_{\bar{A}}\,\overline{\mathfrak{m}} \leqq \text{proj. dim}_{\bar{A}}\,(\mathfrak{m}/a\mathfrak{m}) \leqq \text{proj. dim}_{A}\,\mathfrak{m} < \infty.$$

一方, $\text{proj. dim}_{\bar{A}}\,\overline{\mathfrak{m}}=\text{proj. dim}_{\bar{A}}\,k-1$ であった. ゆえに, $\text{proj. dim}_{\bar{A}}\,k<\infty$. そして定理1.13の系により, $\text{gl. hd}(\bar{A})=\text{proj. dim}_{\bar{A}}\,k<\infty$. すなわち $\dim(\overline{\mathfrak{m}}/\overline{\mathfrak{m}}^2)=r-1$ なので, 帰納法の仮定が使えて $\bar{A}$ は正則局所環. よって A も正則局所環(I, 定理2.3(ii))である. ∎

§1.13　射影次元と深度の相補性

定理 1.17　A を正則局所環, $M\neq 0$ を有限生成 A 加群とする. このとき

$$\text{dep}\,M+\text{proj. dim}\,M = \text{gl. hd}\,(A) = \dim A.$$

証明　$r=\text{dep}\,M$ についての帰納法. $r=0$ のとき, §1.3, a)の考察により, $\mathfrak{m}\in\text{Ass}\,M$. よって $k=A/\mathfrak{m}\subset M$. これより完全系列

$$0\longrightarrow k\longrightarrow M\longrightarrow Q\longrightarrow 0$$

ができる. これにより,

$$\text{Tor}_{p+1}{}^A(Q,k)\longrightarrow\text{Tor}_p{}^A(k,k)\longrightarrow\text{Tor}_p{}^A(M,k)\quad(\text{完全})$$

を得るから $n=\dim A$ とおくと, $\text{Tor}_{n+1}{}^A(Q,k)=0$. 一方, $n=\text{proj. dim}\,k$ (定理1.13の系)だから, 定理1.13を用いると, $\text{Tor}_n{}^A(k,k)\neq0$. ゆえに, $\text{Tor}_n{}^A(M,k)\neq0$. これは $\text{proj. dim}\,M\geqq n$ を意味する. $\text{proj. dim}\,M\leqq\dim A$ だから, $n=\text{proj. dim}\,M$.

$r-1\geqq0$ のときを仮定して, r の場合を示そう. $r\geqq1$ だから, M 正則な元 $a\in\mathfrak{m}$ をとれる. $M'=M/aM$ とおく. §1.6の注意によると, $\text{dep}\,M'=\text{dep}\,M-1$. 一方, 定理1.14によると, $\text{proj. dim}\,M'=\text{proj. dim}\,M+1$. 帰納法の仮定によると, $\text{dep}\,M'+\text{proj. dim}\,M'=n$. ゆえに $\text{dep}\,M+\text{proj. dim}\,M=n$. ∎

§1.14 Cohen-Macaulay 環の Ext 消失定理

a) **定理 1.18** A を正則局所環とし，M を有限生成 A 加群とする．r に対して，つぎの 2 条件は同値である：

(i) $\mathrm{proj.\,dim}\, M \leqq r$,

(ii) すべての $p>r$ に対し，$\mathrm{Ext}_A{}^p(M, A) = 0$.

証明 (i) $\Longrightarrow$ (ii) は自明．(ii) を仮定して，$p>r$ に対し，任意の有限生成 A 加群 N につき，$\mathrm{Ext}_A{}^p(M, N)=0$ を示そう．これが示されれば補題 1.7 により (i) が導かれる．$r \geqq \mathrm{gl.\,hd}(A)=\dim A$ なら (i) が正しいから，r について上方からの帰納法を用いる．N は u 個の元 $x_1, \cdots, x_u$ で生成されるとしてよい．だから，有限生成 A 加群 L を使い，完全系列

$$0 \longrightarrow L \longrightarrow A^u \longrightarrow N \longrightarrow 0$$

を得る．$p>r$ に対し，コホモロジー群の長完全系列

$$\begin{array}{l} \mathrm{Ext}_A{}^p(M, A^u) \longrightarrow \mathrm{Ext}_A{}^p(M, N) \longrightarrow \mathrm{Ext}_A{}^{p+1}(M, L) \quad (\text{完全}) \\ \qquad\quad \| \\ (\mathrm{Ext}_A{}^p(M, A))^u \\ \qquad\quad \| \\ \qquad\quad 0 \end{array}$$

を書くと，$p+1>r+1$ だから $\mathrm{Ext}_A{}^{p+1}(M, L)=0$. ゆえに，

$$\mathrm{Ext}_A{}^p(M, N) = 0. \qquad \blacksquare$$

b) つぎの定理こそ，この章の目標なのであった．

定理 1.19 A を n 次元の正則局所環とし，$B=A/I$ の次元を r とおく．すると，つぎの 2 条件は同値である：

(i) B は Cohen-Macaulay 環,

(ii) $j>n-r$ に対し，$\mathrm{Ext}_A{}^j(B, A) = 0$.

証明 定理 1.17 によると，$\mathrm{dep}_A B + \mathrm{proj.\,dim}\, B = n$. 定理 1.18 によると，(ii) $\Longleftrightarrow$ $\mathrm{proj.\,dim}\, B \leqq n-r$. 上の等式と合せると，

$$\mathrm{proj.\,dim}\, B \leqq n-r \iff \mathrm{dep}_A B \geqq r.$$

一方，定理 1.7 により，$\mathrm{dep}_A B \leqq \dim B = r$. よって，

$$\mathrm{dep}_A B \geqq r \iff \mathrm{dep}_A B = \dim B.$$

これすなわち (i) である．$\blacksquare$

c) つぎの定理は後に用いられる．

定理 1.20　A を Cohen-Macaulay 環, I をそのイデアル, $B=A/I$ とし, $n=\dim A$, $r=\dim B$ とする. このとき, $j<n-r$ ならば

$$\mathrm{Ext}_A{}^j(B, A)=0.$$

証明　まず, 定理の条件下で, I の元 $a_1, \cdots, a_{n-r}$ よりなる A 正則列の存在をみよう. $n>r$ としてよいから, $\dim(A/I)=\dim V(I)<\dim A=n$. さて A は Cohen-Macaulay 環だから, $\mathrm{Ass}\,A=\{0$ の素因子$\}$ はみな極小素イデアルである. よって, $V(I)\cap \mathrm{Ass}\,A=\phi$. それゆえ, I の元で A の非零因子になるものがある. それを a_1 とおく. $A_1=A/a_1A$ は Cohen-Macaulay 環. よって $A_1, I/a_1A$ について同じ議論を続ければよい.

そこで定理 1.6 によると, $j<n-r$ につき $\mathrm{Ext}_A{}^j(B, A)=0$ を得る. ▮

d)　上記の定理 1.19, 1.20 を合せ用いて, つぎの結論を得る.

定理 1.21　A を n 次元正則局所環, $B=A/I$ の次元を r とおき, B は Cohen-Macaulay 環とする. このとき, $j\neq n-r$ ならば

$$\mathrm{Ext}_A{}^j(B, A)=0.$$

——

問　題

1　A を環, M を有限生成 A 加群とする. $a\in A$ をとるとき, $\cdot a: M\to M$ がベキ零になる必要十分条件は, すべての $\mathfrak{p}\in \mathrm{Supp}\,M$ が, a を含むことである.

2　M を A 加群とし, その部分加群 Q_1, Q_2 が, M に関して, $\mathfrak{p}$ 準素加群としよう. すると, $Q_1\cap Q_2$ も $\mathfrak{p}$ 準素加群である.

3　M を A 加群とする. Q を M の部分加群, $\mathfrak{p}$ を A の素イデアルとし, つぎの性質を満たすと仮定する: 任意の $a\in A-\mathfrak{p}$, $x\in M$ について $ax\in Q$ ならば $x\in Q$. このとき, Q は $\mathfrak{p}$ 準素加群である.

4　A を Noether 環, M を有限生成 A 加群とする. $a_1, \cdots, a_r\in A$ に対しつぎの条件は同値である:

(i)　$(a_1, \cdots, a_r)$ は M 正則列,

(ii)　$I=a_1A+\cdots+a_rA$ とおき,

$$\psi:\ M[T_1, \cdots, T_r]\longrightarrow \bigoplus I^mM$$

を m 次斉次式 $F(T)=\sum x_\alpha T_1{}^{\alpha_1}\cdots T_r{}^{\alpha_r}$ $(\alpha_1+\cdots+\alpha_r=m$ についての和$)$ に対し $\psi(F(T))=\sum x_\alpha a_1{}^{\alpha_1}\cdots a_r{}^{\alpha_r}\in I^mM$ で定め, さらに加法的に ψ の定義を延長してやる. このとき, $\mathrm{Ker}\,\psi$ は $a_jT_i-a_iT_j$ らで生成される. $(T_1, \cdots, T_r$ を A^r の底とみるとき, §2.5, a) で定義する Koszul 複体の ∂ の定義により, $\partial(T_i\wedge T_j)=-a_iT_j+a_jT_i$. それ故 $a_iT_j-a_jT_i$

を Koszul の関係式ともいう.)

5　A を正則局所環とし，その極大イデアルの元 $a_1, \cdots, a_r$ をとる．$s \leqq r$ に対しつねに

$$\dim (A/(a_1A + \cdots + a_sA)) = \dim A - s$$

ならば，$(a_1, \cdots, a_r)$ は A 正則列になる.

6　$f \in R = \boldsymbol{C}[X_1, \cdots, X_n]$ をとり，$\operatorname{Sing} V(f) = 0$ (原点) と仮定する．このとき，$\partial_j f = \partial f/\partial X_j$ とおくと，

(i)　$\partial_1 f, \cdots, \partial_n f \in \mathfrak{m} = \sum X_i R$,

(ii)　$(\partial_1 f, \cdots, \partial_n f)$ は R 正則列,

(iii)　$(\partial f, \partial_1 f, \cdots, \partial_{n-1} f)$ も R 正則列

になる.

(iv)　$n=2$ とし，上の条件を仮定する．このとき，$\dim (R/(Rf + R\partial_1 f))$ と $\dim (R/(R\partial_1 f + R\partial_2 f))$ との関係を求めよ．(詳しくいうと，$X_2 = 0$ が $f=0$ の原点との接線にならないならば，$\dim (R/(Rf + R\partial_1 f)) = \dim (R/(R\partial_1 f + R\partial_2 f)) + \nu - 1$．ここに $\nu = e(0, V(f))$.)

注意　$\dim (R/(R\partial_1 f + \cdots + R\partial_n f))$ を $V(f)$ の原点での Milnor 数という.

7　A を局所 Noether 環とする．M を A 加群とし，A の元の列 $(a_1, \cdots, a_s)$ を考える．$(a_1, \cdots, a_s)$ が極大 M 正則列になる必要十分条件は，$\bar{M} = M/\sum a_j M$ とおくとき，

$$\mathfrak{m} \in \operatorname{Ass} \bar{M}$$

である．ここに，$\mathfrak{m}$ は A の極大イデアルを示す.

8　A を正則局所環とする．M を有限生成 A 加群とする.

$$\operatorname{proj.dim} M = \dim A \iff \mathfrak{m} \in \operatorname{Ass} M$$

を示せ.

9　A を Noether 環とし，すべての素イデアル $\mathfrak{p} \in \operatorname{Spec} A$ について $A_\mathfrak{p}$ は正則局所環となるとしよう．このような A を正則環という．つぎを示せ.

(i)　正則環は整閉である.

(ii)　正則環は，正則整域(すなわち，零因子を持たない正則環)の有限個の直和.

10　A を Noether 環とする．すべての $\mathfrak{p} \in \operatorname{Spec} A$ につき $A_\mathfrak{p}$ が整域となる必要十分条件は，A が整域の直和となることである.

11　2次元以下の正則整域を考え，これを R とする．R の高さ 1 の素イデアルはすべて単項イデアルになることを示せ.

12　A を局所 Noether 環，$\mathfrak{m}$ をその極大イデアルとする．$a \in \mathfrak{m}$, $b \in A$ をとり，$aA : b = \{c \in A\,;\, bc \in aA\}$ を $\mathfrak{a}$ とおく.

(i)　$\operatorname{proj.dim} \mathfrak{a} \leqq 1$,

(ii)　$a \notin \mathfrak{m}\mathfrak{a}$

を仮定するとき，$\mathfrak{a} = aA$，かつ a は零因子ではないことを示せ.

13　前題の記号を用いる．$\mathfrak{p}$ を A の素イデアルとし，

(i) $\dim R_{\mathfrak{p}} = 1$,

(ii) $\mathrm{proj.\,dim}\,(R/\mathfrak{p}) \leqq 2$

を仮定する．このとき，$\mathfrak{p}$ は単項イデアルになることを示せ．

14 A を Noether 環，M を有限生成 A 加群とする．a_1, a_2 をともに M 正則な元としよう．(a_1, a_2) が M 正則列のとき，(a_2, a_1) も M 正則列になる，ことを示せ．

第2章　Serre の双対律

§2.1　米田の準同型

a) $\mathcal{C}$ を可換群全体のつくる圏(または，$(X, \mathcal{O}_X)$ を環空間とするとき，$\mathcal{O}_X$ 加群層全体のつくる圏)とする．また，$\mathcal{C}'$ を可換群全体のつくる圏とし，$T: \mathcal{C} \to \mathcal{C}'$ を，左完全な加法関手としよう．

定理 2.1　$F, G \in \mathcal{C}$ に対し，つぎの性質を満たす $\mathcal{C}'$ の準同型 $Y_{p,q} = Y_{p,q}(F, G)$ が存在する：

(i)　$Y_{p,q}(F, G):\ R^p T(F) \times \mathrm{Ext}^q(F, G) \longrightarrow R^{q+p} T(G)$.

(ii)　(イ)　$u: F_1 \to F_2$ に対して，

$$R^p T(u):\ R^p T(F_1) \longrightarrow R^p T(F_2),$$

$$\mathrm{Ext}^q(u, G):\ \mathrm{Ext}^q(F_2, G) \longrightarrow \mathrm{Ext}^q(F_1, G)$$

が定まる．そのとき，$\alpha \in R^p T(F_1)$，$\beta \in \mathrm{Ext}^q(F_2, G)$ をとると，

$$Y_{p,q}(F_1, G)(\alpha, \mathrm{Ext}^q(u, G)(\beta)) = Y_{p,q}(F_2, G)(R^p T(u)(\alpha), \beta).$$

(ロ)　$v: G_1 \to G_2$ に対して，つぎの可換図式を得る．

$$\begin{array}{ccc} R^p T(F) \times \mathrm{Ext}^q(F, G_1) & \xrightarrow{Y_{p,q}(F, G_1)} & R^{q+p} T(G_1) \\ {\scriptstyle \mathrm{id} \times \mathrm{Ext}^q(F, v)} \downarrow & \circlearrowright & \downarrow {\scriptstyle R^{q+p} T(v)} \\ R^p T(F) \times \mathrm{Ext}^q(F, G_2) & \xrightarrow[Y_{p,q}(F, G_2)]{} & R^{q+p} T(G_2) \end{array}$$

図式 2.1

(iii)　(イ)　$0 \to F_1 \to F_2 \to F_3 \to 0$ (完全)に対して，… (つぎの(ロ)と同様だから省略)．

(ロ)　$0 \to G_1 \to G_2 \to G_3 \to 0$ (完全)に対して，

$$R^{q+p} T(G_3) \xrightarrow{\vartheta_q} R^{q+p+1} T(G_1),$$

$$\mathrm{Ext}^{q+p}(F, G_3) \xrightarrow{\vartheta_{q+p+1}} \mathrm{Ext}^{q+p+1}(F, G_1)$$

ができる．そして，$Y_{p,q}$ はこれらとも可換，すなわちつぎの可換図式を得る．

$$\begin{array}{ccc} R^pT(F)\times \mathrm{Ext}^q(F,G_3) & \xrightarrow{Y_{p,q}(F,G_3)} & R^{q+p}T(G_3) \\ \Big\downarrow{\scriptstyle \mathrm{id}\times\vartheta_q} & \circlearrowleft & \Big\downarrow{\scriptstyle \vartheta_{q+p}} \\ R^pT(F)\times \mathrm{Ext}^{q+1}(F,G_1) & \xrightarrow[Y_{p,q}(F,G_1)]{} & R^{q+p}T(G_1) \end{array}$$

図式 2.2

b) この $Y_{p,q}(F,G)$ を**米田の準同型**(Yoneda pairing) という．存在証明は形式的整備に時間がとられてやっかいであるが，難しいものではない．

証明　まず $p=q=0$ の場合を考えてみよう．すると

$$Y_{0,0}(F,G):\ T(F)\times\mathrm{Hom}(F,G)\longrightarrow T(G).$$

Hom (F,G) の元 f をとれば，$T(f):T(F)\to T(G)$ が定まる．このとき，$Y_{0,0}(F,G)$ は $Y_{0,0}(F,G)(\alpha,f)=T(f)(\alpha)$ と自然なものになる．これは，(ii) の (イ), (ロ) を満たす．たとえば，$u:F_1\to F_2$ をとると，$f\in\mathrm{Hom}(F_2,G)$ に対し，つぎの図式を得る．

$$\begin{array}{ccc} F_1 & \xrightarrow{u} & F_2 \\ & {\scriptstyle f\cdot u}\searrow \quad \swarrow{\scriptstyle f} & \\ & G & \end{array} \qquad \begin{array}{ccc} T(F_1) & \xrightarrow{T(u)} & T(F_2) \\ & {\scriptstyle T(f\cdot u)}\searrow \quad \swarrow{\scriptstyle T(f)} & \\ & T(G) & \end{array}$$

図式 2.3

$\alpha\in T(F_1)$，$\beta=f\in\mathrm{Hom}(F_2,G)$ をとると，

$$Y_{0,0}(\alpha,f\cdot u)=T(f\cdot u)(\alpha),$$

および

$$\begin{aligned} Y_{0,0}(T(u)(\alpha),f) &= T(f)(T(u)(\alpha)) = T(f)\cdot T(u)(\alpha) \\ &= T(f\cdot u)(\alpha). \end{aligned}$$

よって，

$$Y_{0,0}(\alpha,f\cdot u)=Y_{0,0}(T(u)\alpha,f).$$

(ii) の (ロ) の方はもっとやさしい．

$Y_{0,0}$ を強引に(または，自然に，ともいえるが) 導来関手にまで持ち上げたのが一般の $Y_{p,q}$ なのである．

c) $Y_{p,q}(F,G)$ の構成．単射的加群(または加群層) I^i, J^j による F,G の分解

$$0\longrightarrow F\longrightarrow I^0\xrightarrow{d^0} I^1\xrightarrow{d^1} I^2\longrightarrow\cdots,$$
$$0\longrightarrow G\longrightarrow J^0\xrightarrow{d'^0} J^1\xrightarrow{d'^1} J^2\longrightarrow\cdots$$

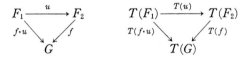

を考え，複体 $I^{\cdot}=(I^i)_{i\geqq 0}$，$J^{\cdot}=(J^j)_{j\geqq 0}$ を得る．$d=\sum d^i$，$d'=\sum d'^j$.

複体 $\mathrm{Hom}^{\cdot}(I^{\cdot}, J^{\cdot})$ をつぎのようにつくる：

$$\mathrm{Hom}^q = \mathrm{Hom}^q(I^{\cdot}, J^{\cdot}) = \{u=(u_p)_{p\in \boldsymbol{Z}}\,;\, u_p : I^p \to J^{p+q}\}.$$

∂_q: $\mathrm{Hom}^q \to \mathrm{Hom}^{q+1}$ を $\partial_q u = du + (-1)^q ud'$ で定義する．$\partial = \sum \partial_q$ とおく．

つぎの性質が容易に検証される：

（i）$\partial^2 = 0$,

（ii）$\partial u=0$ ならば $du=(-1)^{q+1}ud'$ $(u\in \mathrm{Hom}^q)$ (q が偶数のとき u は d, d' と反可換という),

(iii) $u=\partial v$ と書けるとき，u は 0 にホモトピー同値,

(iv) $H^q(\mathrm{Hom}^{\cdot}(I^{\cdot}, J^{\cdot}))=\{d, d'$ と(反)可換な u のホモトピー同値類$\}$.

さて，Ext^q の定義により（または，その直接の結論として）

$$\mathrm{Ext}^q(F, G) = H^q(\mathrm{Hom}^{\cdot}(I^{\cdot}, J^{\cdot})^s)$$

(s は 2 重複体を標準的に複体とみることをさす)．一方，R^pT の定義により，

$$R^pT(F) = H^p(T(I^{\cdot})), \qquad R^{q+p}T(G) = H^{q+p}(T(J^{\cdot})).$$

さて，$T(d)(\alpha)=0$ を満たす $\alpha\in T(I^p)$ と $\partial u=0$ を満たす $u\in \mathrm{Hom}^q(I^{\cdot}, J^{\cdot})$ をとる．$u=(u_s)$，$u_s\in \mathrm{Hom}(I^s, J^{q+s})$ である．$(\partial u)_{s+1}=\partial u_s+(-1)^s u_{s+1}d'$ だから，$\partial u=0$ により $\partial u_s=(-1)^{s+1}u_{s+1}d'$.

$s=p$ のところを利用して，つぎのように $T(u_p)(\alpha)$ をつくる．

$$\begin{array}{ccc} T(I^p) & \xrightarrow{T(u_p)} & T(J^{q+p}) \\ \cup\!\!\!\!\raisebox{0pt}{} & & \cup \\ \alpha & \longmapsto & T(u_p)(\alpha) \end{array}$$

図式 2.4

すると，

$$\begin{aligned} T(d)\cdot T(u_p)(\alpha) &= T(d\cdot u_p)(\alpha) = T((-1)^{p+1}u_{p+1}d')(\alpha) \\ &= T((-1)^{p+1}u_{p+1})(T(d)(\alpha)) = T((-1)^{p+1}u_{p+1})(0) = 0. \end{aligned}$$

よって，$T(u_p)(\alpha)\in \mathrm{Ker}(T(J^{q+p})\to T(J^{q+p+1}))$.

こんどは $u=\partial v$ のとき，$T(u_p)(\alpha)$ がやはり $T(d)(*)$ の形になることをみる．$u_p=dv_{p-1}+(-1)^{p-1}v_pd$ だから，

$$\begin{aligned} T(u_p)(\alpha) &= T(d)\,T(v_{p-1})(\alpha) + (-1)^{p-1}T(v_p)\,T(d)(\alpha) \\ &= T(d)\,T(v_{p-1})(\alpha). \end{aligned}$$

よって，$T(u_p)(\alpha)\in \mathrm{Im}(T(J^{q+p-1})\to T(J^{q+p}))$.

最後に $\alpha=T(d)(\alpha^*)$ のときは

$$T(u_p)(\alpha) = T(u_p)\,T(d)(\alpha^*) = T(u_p\cdot d)(\alpha^*)$$
$$= T(-1)^{p+1}(du_{p+1})(\alpha^*) = (-1)^{p+1}T(d)(T(u_{p+1})(\alpha^*)).$$

以上によって，コホモロジー類間に，写像

$$Y_{p,q}(F, G):\ R^pT(F)\times \mathrm{Ext}^q(F, G) \longrightarrow R^{q+p}T(G),$$
$$((\alpha), (u)) \longmapsto (T(u_p)(\alpha))$$

が定められた．これが，定理 2.1 の条件 (ii), (iii) を満たすことを確かめることは容易であって，形式的に長い初等的計算を行うだけのことにすぎない．ここでは省略する．▌

§2.2 Serre の双対律 その1

a) k を体とし，$(X, \mathcal{O}_X)$ を環空間とする．$\mathcal{F}, \mathcal{G}$ を $\mathcal{O}_X$ 加群層とすると，$T=\Gamma(X, \cdot)$ に対して，米田の準同型 $Y_{p,q}(\mathcal{F}, \mathcal{G})$ は $H^p(X, \mathcal{F})\times\mathrm{Ext}^q(X; \mathcal{F}, \mathcal{G})$ から $H^{p+q}(X, \mathcal{G})$ への準同型になる．

$\mathrm{Ext}^q(X; \mathcal{F}, \mathcal{G})$ は $\mathrm{Hom}_{\mathcal{O}_X}(\mathcal{F}, \mathcal{G})$ の q 次導来関手であり，$\mathrm{Hom}_{\mathcal{O}_X}(\mathcal{F}, \mathcal{G})$ を層化した $\mathcal{H}om_{\mathcal{O}_X}(\mathcal{F}, \mathcal{G})$ を用いるとき，$\mathrm{Hom}_{\mathcal{O}_X}(\mathcal{F}, \mathcal{G})$ は $\Gamma(X, \mathcal{H}om_{\mathcal{O}_X}(\mathcal{F}, \mathcal{G}))$ とも書ける．ゆえに，$\mathcal{G}$ を固定して $S(\mathcal{F})=\mathcal{H}om_{\mathcal{O}_X}(\mathcal{F}, \mathcal{G})$，$T(\mathcal{F})=\Gamma(X, \mathcal{F})$ とおくと，

$$T\cdot S(\mathcal{F}) = \mathrm{Hom}(\mathcal{F}, \mathcal{G}).$$

そこで $\mathcal{F}$ が単射的のとき，$S(\mathcal{F})=\mathcal{H}om(\mathcal{F}, \mathcal{G})$ は軟弱層であったことを用いて，I，第4章の問題によると，スペクトル系列 $(E_r^{p,q}, d_r^{p,q}, E^n, F^m(E^n), \beta^{p,q})$：

$$E_2^{p,q} = R^pT\cdot R^qS(\mathcal{F}) = H^p(X, \mathcal{E}xt^q(\mathcal{F}, \mathcal{G}))$$
$$\Longrightarrow E^{p+q} = \mathrm{Ext}^{p+q}(X; \mathcal{F}, \mathcal{G})$$

を得る．

さて，$\mathcal{F}$ を局所自由の $\mathcal{O}_X$ 加群層，すなわちベクトル束（の層）とすると，$q>0$ のとき $\mathcal{E}xt^q(\mathcal{F}, \mathcal{G})=0$．そして $\mathcal{E}xt^0(\mathcal{F}, \mathcal{G})=\mathcal{H}om(\mathcal{F}, \mathcal{G})$．よって，このとき上のスペクトル系列は同型

$$H^p(X, \mathcal{H}om(\mathcal{F}, \mathcal{G})) \simeq \mathrm{Ext}^p(X; \mathcal{F}, \mathcal{G})$$

を与える．さらに，$\mathcal{F}$ がベクトル束の層のとき，

$$\mathcal{H}om(\mathcal{F}, \mathcal{O}_X)\otimes\mathcal{G} \simeq \mathcal{H}om(\mathcal{F}, \mathcal{G})$$

を得るので，$\mathscr{F}$ の双対層 $\mathscr{F}^\vee$ を $\mathscr{H}\!om_{\mathscr{M}}(\mathscr{F}, \mathscr{G})$ で定義しておけば，米田の準同型は

$$Y_{p,q} = Y_{p,q}(\mathscr{F}, \mathscr{G}) : H^p(X, \mathscr{F}) \times H^q(X, \mathscr{F}^\vee \otimes \mathscr{G}) \longrightarrow H^{p+q}(X, \mathscr{G})$$

となる．この準同型は $p=q=0$ の場合でさえ極めて複雑である．

b) $\mathscr{F}, \mathscr{G}$ ともに可逆層とすると，$\mathscr{H} = \mathscr{F}^\vee \otimes \mathscr{G}$ と書くとき，これも可逆層であって，$\mathscr{G} = \mathscr{H} \otimes \mathscr{F}$．よって

$$Y_{p,q}: H^p(X, \mathscr{F}) \times H^q(X, \mathscr{H}) \longrightarrow H^{p+q}(X, \mathscr{F} \otimes \mathscr{H}).$$

これを書きかえる．すなわち，$\alpha \in H^q(X, \mathscr{H})$，$\beta \in H^p(X, \mathscr{F})$ をとり，$\theta_{p,q}(\alpha)(\beta) = Y_{p,q}(\beta, \alpha)$ とおくと，準同型

$$\theta_{p,q} = \theta_{p,q,X}: H^q(X, \mathscr{H}) \longrightarrow \mathrm{Hom}\,(H^p(X, \mathscr{F}), H^{p+q}(X, \mathscr{F} \otimes \mathscr{H}))$$

ができる．

c) さて，X が代数的閉体 k 上の完備代数多様体 V，$p+q=n=\dim V$ のときを考えよう．さらに，V が非特異であれば，$\Omega_V{}^n$ は可逆層であって，$\omega_V = \Omega_V{}^n$ と書くと，$\mathscr{F}$ をベクトル束の層，$\mathscr{G}$ を ω_V にとって，つぎの準同型をえる．

$$Y_{p,n-p}: H^p(V, \mathscr{F}) \times H^{n-p}(V, \mathscr{F}^\vee \otimes \omega_V) \longrightarrow H^n(V, \omega_V).$$

このとき，

S I　$\dim H^n(V, \omega_V) = 1$,

S II　$Y_{p,n-p}$ は非退化

が示される．これこそ，**Serre の双対律**(双対定理ともいう)なのである．

$\mathscr{F} = \mathscr{O}(D)$ と，Cartier 因子 D によって書けるとき，$\mathscr{F}^\vee = \mathscr{O}(-D)$．よって，S II は，

S II′　$\dim H^p(\mathscr{O}(D)) = \dim H^{n-p}(\mathscr{O}(K(V)-D))$

となる．ここで，$\mathscr{O}(K(V)) = \omega_V$ を用いている．一方，$\mathscr{F} = \Omega_V{}^r$ $(0 \leqq r \leqq n$ に対し$)$ のとき，$\mathscr{F}^\vee \otimes \omega_V \simeq \Omega_V{}^{n-r}$ が成立する．それゆえ，S II の特殊な場合として，

S II″　$\dim H^p(V, \Omega^r(D)) = \dim H^{n-p}(V, \Omega^{n-r}(-D))$

をも得る．

§2.3 Serre の双対律 その2 ($\boldsymbol{P}^n$ 上の場合)

a) しかし，応用上，非特異の V に限ることは得策ではない．少なくとも，Cohen-Macaulay 代数多様体 V についての Serre の双対律は非常に有用であって，本講の第3章後半で有効に用いられる．したがって，本章でも一般に Serre

の双対律を証明しよう．前節 S I, S II の証明には，まず $V=\boldsymbol{P}^n$, $\mathscr{F}=\mathcal{O}(m)$ のときに示し，それを基礎に，関手論的メカニズムを解明する必要があるのである．

b）つぎの結果を復習しよう（II, §7.10, b)）．

（i）$i\neq 0, n$ ならば，$H^i(\boldsymbol{P}^n, \mathcal{O}(m))=0$,

（ii）$\bigoplus_{m\in\boldsymbol{Z}} H^0(\boldsymbol{P}^n, \mathcal{O}(m)) \simeq k[X_0, \cdots, X_n]$　（次数をこめて），

(iii)　$\dim H^n(\boldsymbol{P}^n, \mathcal{O}(m)) = \dim H^0(\boldsymbol{P}^n, \mathcal{O}(-n-1-m))$.

これより，$\boldsymbol{P}^n$ に対しての S I は自明であろう．S II を示すのも容易にできるが，少し枠組を一般的に広げて考える．

c）V を非特異完備代数多様体，W をその余次元1の非特異閉部分多様体とする．$K(W)=(K(V)+W)|W$ と書かれるのであった（II, §5.10, 同伴公式）．完全系列

$$0\longrightarrow\mathcal{O}_V(-W)\longrightarrow\mathcal{O}_V\longrightarrow\mathcal{O}_W\longrightarrow 0$$

に，Cartier 因子 D を用いてつくった可逆層 $\mathcal{O}(K(V)+W-D)$ をかける．すると，つぎの完全系列

$$0\longrightarrow\mathcal{O}_V(K(V)-D)\longrightarrow\mathcal{O}_V(K(V)+W-D)\longrightarrow\mathcal{O}_W(K(W)-D\,|\,W)\longrightarrow 0$$

を得る．$\dim W=n-1<n$ により，$H^n(K(W)-D\,|\,W)=0$ だから，

$$(*)\qquad H^{n-1}(K(W)-D\,|\,W)\longrightarrow H^n(K(V)-D)$$
$$\longrightarrow H^n(K(V)+W-D)\longrightarrow 0\quad(\text{完全})$$

を得る．一方，米田の準同型から導かれる自然な準同型（§2.2, b)）

$$\theta_V(D):\ H^0(D)\longrightarrow \mathrm{Hom}\,(H^n(K(V)-D), H^n(K(V))),$$

$$\theta_W(D\,|\,W):\ H^0(D\,|\,W)\longrightarrow \mathrm{Hom}\,(H^{n-1}(K(W)-D\,|\,W), H^{n-1}(K(W)))$$

を考え（§2.2, b) の記法による θ を用いると，$\theta_V(D)=\theta_{n,0,V}$),

$$H^n(K(V)-D)\longrightarrow H^n(K(V)+W-D)$$

により，

$$\mathrm{Hom}\,(H^n(K(V)+W-D), H^n(K(V)))$$
$$\longrightarrow \mathrm{Hom}\,(H^n(K(V)-D), H^n(K(V)))$$

を得る．その上 $D=0$ のときの S I にあたる，

$$H^{n-1}(K(W))\backsimeq H^n(K(V))=k$$

を仮定すると，

$$H^{n-1}(K(W)-D\,|\,W)\longrightarrow H^n(K(V)-D)$$

に $H^{n-1}(K(W)) \simeq H^n(K(V))=k$ を合成して，

$$\begin{aligned}&\mathrm{Hom}\,(H^n(K(V)-D), H^n(K(V)))\\ &\quad\longrightarrow \mathrm{Hom}\,(H^{n-1}(K(W)-D\,|\,W), H^{n-1}(K(W)))\end{aligned}$$

を得る.

d) さて

$$\begin{aligned}L_V{}^*(D) &= \mathrm{Hom}\,(H^n(K(V)-D), H^n(K(V))),\\ L_W{}^*(D\,|\,W) &= \mathrm{Hom}\,(H^{n-1}(K(W)-D\,|\,W), H^{n-1}(K(W)))\end{aligned}$$

と書くとき，完全系列(＊)により，つぎの完全系列

$$0 \longrightarrow L_V{}^*(D-W) \longrightarrow L_V{}^*(D) \longrightarrow L_W{}^*(D\,|\,W)$$

ができる．一方，θ_V, θ_W は自然な構成だから(米田の準同型の性質，定理2.1 (ii) によって)，可換完全図式

$$\begin{array}{ccccccc}0 \longrightarrow & H^0(D-W) & \longrightarrow & H^0(D) & \longrightarrow & H^0(D\,|\,W)\\ & \Big\downarrow{\scriptstyle \theta_V(D-W)} & & \Big\downarrow{\scriptstyle \theta_V(D)} & & \Big\downarrow{\scriptstyle \theta_W(D|W)}\\ 0 \longrightarrow & L_V{}^*(D-W) & \longrightarrow & L_V{}^*(D) & \longrightarrow & L_W{}^*(D\,|\,W)\end{array}$$

図式 2.5

を得る．これより，(イ) $H^0(D)$ と $L_V{}^*(D)$ との次元が等しく，(ロ) $H^0(D) \to H^0(D\,|\,W)$ が全射，(ハ) $\theta_V(D-W)$ と $\theta_W(D\,|\,W)$ とが同型ならば $\theta_V(D)$ は同型，が導かれる.

さて，$V=\boldsymbol{P}^n$ とし $W=\boldsymbol{P}^{n-1}$ を $\boldsymbol{P}^n$ の超平面とするとき，$\mathcal{O}(W)=\mathcal{O}_{\boldsymbol{P}^n}(1)$, $D\sim mH$ (H は超平面因子)，$\mathcal{O}(D)=\mathcal{O}(mH)$ と $m\in\boldsymbol{Z}$ により表される．そこで

$$\theta_{\boldsymbol{P}^n}(mH):\ H^0(mH) \simeq L_{\boldsymbol{P}^n}{}^*(mH)$$

を n と m とについての帰納法で示そう.

$$\dim L_{\boldsymbol{P}^n}{}^*(mH) = \dim H^n(-(n+1+m)H) = \dim H^0(mH)$$

は b) の (iii) により明らかである．したがって，$m<0$ ならば $\theta(mH)$ は同型. $n=0$ ならば $H^0=L^*=k$ で正しい．さて，$W=\boldsymbol{P}^{n-1}$ についての $\theta_{\boldsymbol{P}^n}(mH\,|\,W)$ と $\theta_{\boldsymbol{P}^n}((m-1)H)$ とが同型であることを仮定すると，$H^1((m-1)H)=0$ と上のことにより $\theta_{\boldsymbol{P}^n}(mH)$ が同型になる.

e) こんどは $\mathcal{F}$ を $\mathcal{O}_{\boldsymbol{P}^n}$ 加群連接層とする．$Y_{n-1,i}(\mathcal{F}, \omega_V)$ の導く $H^i(\mathcal{F}) \to \mathrm{Hom}(\mathrm{Ext}^{n-i}(\mathcal{F}, \omega_V), k)$ を $Y_i(\mathcal{F})^\vee$ と書こう．さて，$\mathcal{O}(m_j)$ らの直和 $\mathcal{L}$ と $\mathcal{L}'$

とがあり，完全系列

$$\mathscr{L}' \longrightarrow \mathscr{L} \longrightarrow \mathscr{F} \longrightarrow 0$$

ができる (II, §7.4, f)). $\mathscr{R}=\mathrm{Ker}\,(\mathscr{L}\to\mathscr{F})$ とおけば，

$$0 \longrightarrow \mathscr{R} \longrightarrow \mathscr{L} \longrightarrow \mathscr{F} \longrightarrow 0 \quad (\text{完全})$$

を得る．そこで米田の準同型の性質，定理 2.1 (ii) により，つぎの図式

$$\begin{array}{ccccccccc}
\longrightarrow & H^i(\mathscr{L}) & \longrightarrow & H^i(\mathscr{F}) & \longrightarrow & H^{i+1}(\mathscr{R}) & \longrightarrow & H^{i+1}(\mathscr{L}) & \longrightarrow \\
 & \downarrow{\scriptstyle Y_i(\mathscr{L})^\vee} & & \downarrow{\scriptstyle Y_i(\mathscr{F})^\vee} & & \downarrow{\scriptstyle Y_{i+1}(\mathscr{R})^\vee} & & \downarrow{\scriptstyle Y_{i+1}(\mathscr{L})^\vee} & \\
 & \mathrm{Ext}^{n-i}(\mathscr{L},\omega_{\boldsymbol{P}})^\vee & \longrightarrow & \mathrm{Ext}^{n-i}(\mathscr{F},\omega_{\boldsymbol{P}})^\vee & \longrightarrow & \mathrm{Ext}^{n-i-1}(\mathscr{R},\omega_{\boldsymbol{P}})^\vee & \longrightarrow & \mathrm{Ext}^{n-i-1}(\mathscr{L},\omega_{\boldsymbol{P}})^\vee & \longrightarrow
\end{array}$$

図式 2.6

を得る．ここに $\mathrm{Ext}^{n-i}(\mathscr{L},\omega_{\boldsymbol{P}})$ は $\mathrm{Ext}^{n-i}(V;\mathscr{L},\omega_{\boldsymbol{P}})$ の略記である．そして，一般に，k 有限ベクトル空間 M に対しても $M^\vee=\mathrm{Hom}_k(M,k)$ とおいた．$i>n$ ならば，$H^i(\mathscr{F})=0$. II, §7.10, b) により，また $i\neq 0,n$ ならば $H^i(\mathscr{L})=0$ である．

$Y_i(\mathscr{L})^\vee$ が同型なことは前段で示されている．i についての上からの帰納法で $Y_i(\mathscr{F})^\vee$ が同型になることをみる．$i=n$ のときには，$\mathscr{L}'\to\mathscr{L}\to\mathscr{F}\to 0$ の方をまず用いる．H^{n+1} が 0 になることにより完全系列

$$\longrightarrow H^n(\mathscr{L}') \longrightarrow H^n(\mathscr{L}) \longrightarrow H^n(\mathscr{F}) \longrightarrow 0$$

を得る．一方，$\mathrm{Hom}\,(\mathscr{F},\omega_{\boldsymbol{P}})=\mathrm{Ext}^0(V;\mathscr{F},\omega_{\boldsymbol{P}})$ であり，

$$0 \longrightarrow \mathrm{Hom}\,(\mathscr{F},\omega_{\boldsymbol{P}}) \longrightarrow \mathrm{Hom}\,(\mathscr{L},\omega_{\boldsymbol{P}}) \longrightarrow \mathrm{Hom}\,(\mathscr{L}',\omega_{\boldsymbol{P}}) \quad (\text{完全})$$

ができるから，可換完全図式

$$\begin{array}{ccccccc}
\longrightarrow & H^n(\mathscr{L}') & \longrightarrow & H^n(\mathscr{L}) & \longrightarrow & H^n(\mathscr{F}) & \longrightarrow 0 \\
 & {\scriptstyle Y_n(\mathscr{L}')^\vee}\downarrow\wr & & \downarrow\wr\,{\scriptstyle Y_n(\mathscr{L})^\vee} & & \downarrow{\scriptstyle Y_n(\mathscr{F})^\vee} & \\
\longrightarrow & \mathrm{Hom}\,(\mathscr{L}',\omega_{\boldsymbol{P}})^\vee & \longrightarrow & \mathrm{Hom}\,(\mathscr{L},\omega_{\boldsymbol{P}})^\vee & \longrightarrow & \mathrm{Hom}\,(\mathscr{F},\omega_{\boldsymbol{P}})^\vee & \longrightarrow 0
\end{array}$$

図式 2.7

を得る．$Y_n(\mathscr{L}')^\vee$, $Y_n(\mathscr{L})^\vee$ が同型なことにより，$Y_n(\mathscr{F})^\vee$ が同型になった．

さて，$0<i<n$ のとき $i+1$ を仮定して，i のときに $Y_i(\mathscr{F})^\vee$ が同型になることをみよう．$H^i(\mathscr{L})=\mathrm{Ext}^{n-i}(\mathscr{L},\omega_{\boldsymbol{P}})^\vee=0$, $Y_{i+1}(\mathscr{R})^\vee$ と $Y_{i+1}(\mathscr{L})^\vee$ とが同型なことによると，5 項補題により $Y_i(\mathscr{F})^\vee$ は同型になる．$Y_0(\mathscr{F})^\vee$ の同型になることは自明であろう．

かくして，つぎの定理を得た．

定理 2.2　$\mathscr{F}$ を $\boldsymbol{P}^n$ 上の $\mathcal{O}_{\boldsymbol{P}}$ 加群連接層とするとき，$0\leqq i\leqq n$ に対し

$$Y_{i,n-i}(\mathscr{F},\omega_{\boldsymbol{P}}):\ H^i(\boldsymbol{P}^n,\mathscr{F})\times \mathrm{Ext}^{n-i}(\boldsymbol{P}^n;\mathscr{F},\omega_{\boldsymbol{P}})\longrightarrow H^n(\boldsymbol{P}^n,\omega_{\boldsymbol{P}})=k$$

は非退化である．——

II，第7章と同様に，これを用いて，$\boldsymbol{P}^n$ の閉部分スキーム V についての Serre の双対律を定式化して証明する．$\boldsymbol{P}^n$ 上の連接層は十分複雑であって，定理 2.2 は一般の代数多様体 V についての Serre の双対律をほとんど含んでいると考えられるのである．

§2.4 Serre の双対律 その3 (Cohen-Macaulay 多様体上の場合)

a) つぎの定理は Cohen-Macaulay 射影多様体についての Serre の双対律である．基礎体 k を代数閉体と仮定することは §2.2 と同様である．

定理 2.3　$\boldsymbol{P}$ を n 次元射影空間 $\boldsymbol{P}^n$，$V\subset\boldsymbol{P}$ を r 次元閉部分多様体とし，V は Cohen-Macaulay 多様体，いいかえると，すべての $p\in V$ につき，$\mathcal{O}_{V,p}$ は Cohen-Macaulay 環，と仮定する．

$$\omega_V=\mathscr{E}\mathscr{X}\mathscr{T}_{\mathcal{O}_{\boldsymbol{P}}}{}^{n-r}(\mathcal{O}_V,\mathcal{O}_{\boldsymbol{P}})\,|\,V$$

とおくと，連接的 $\mathcal{O}_V$ 加群層 $\mathscr{F}$ に対して，

S I　$H^r(V,\omega_V)\simeq k$,

S II　$H^{r-p}(V,\mathscr{F})^{\vee}\simeq \mathrm{Ext}^p(V;\mathscr{F},\omega_V)$

が成立する．

証明　(1)　まず，$\mathscr{G}$ を $\mathcal{O}_{\boldsymbol{P}}$ 加群層とし，$\mathcal{O}_V$ を $\mathcal{O}_{\boldsymbol{P}}$ 加群層とみると (すなわち，j を V から $\boldsymbol{P}$ への閉埋入とし，$j_*\mathcal{O}_V$ を $\mathcal{O}_V$ と略記する)，

$$\mathrm{Hom}_{\mathcal{O}_{\boldsymbol{P}}}(\mathscr{F},\mathscr{H}om_{\mathcal{O}_{\boldsymbol{P}}}(\mathcal{O}_V,\mathscr{G}))=\mathrm{Hom}_{\mathcal{O}_{\boldsymbol{P}}}(\mathscr{F},\mathscr{G})$$

の成立することに注意しよう．$\mathscr{F}$ を固定して，関手 T,S を

$$T(\mathscr{G})=\mathscr{H}om_{\mathcal{O}_{\boldsymbol{P}}}(\mathcal{O}_V,\mathscr{G}),\qquad S(\mathscr{H})=\mathrm{Hom}(\mathscr{F},\mathscr{H})$$

により定めると，$T(\mathscr{G})$ は $\mathcal{O}_V$ 加群層とみられ (すなわち，$T(\mathscr{G})\otimes_{\mathcal{O}_{\boldsymbol{P}}}\mathcal{O}_V=T(\mathscr{G})$ だから，$T(\mathscr{G})\,|\,V$ を $T(\mathscr{G})$ と略記する)，

$$S\cdot T(\mathscr{G})=\mathrm{Hom}(\mathscr{F},\mathscr{G}).$$

よって，

$$R^pT(\mathscr{G})=\mathscr{E}\mathscr{X}\mathscr{T}_{\mathcal{O}_{\boldsymbol{P}}}{}^p(\mathcal{O}_V,\mathscr{G}),\qquad R^qS(\mathscr{H})=\mathrm{Ext}^q(V;\mathscr{F},\mathscr{H})$$

に注意すると，スペクトル系列

$$E_2^{p,q} = \mathrm{Ext}^p(V\,;\mathcal{F},\mathcal{E}xt_{\mathcal{O}_P}{}^q(\mathcal{O}_V,\mathcal{G})) \Longrightarrow E^{p+q} = \mathrm{Ext}^{p+q}(V\,;\mathcal{F},\mathcal{G})$$

を得る(I, 132 ページ).

(2) 一方, $\mathcal{G}$ を $\boldsymbol{P}$ の可逆層とするとき, $\boldsymbol{P}$ は非特異で, V は r 次元の Cohen-Macaulay 多様体だから, 定理1.21によると, $q \neq n-r$ ならば, $\mathcal{E}xt_{\mathcal{O}_P}{}^q(\mathcal{O}_V,\mathcal{G})=0$. なぜならば $x \in V$ につき $A=\mathcal{O}_{P,x}$, $B=\mathcal{O}_{V,x}=A/I$ とおけば, 定理1.21が使えて, $\mathrm{Ext}_A{}^q(B,A)=0$. かくして, このときのスペクトル系列は,

$$q \neq n-r \quad \text{のとき} \quad E_2^{p,q}=0$$

を満たす.

補題 2.1 スペクトル系列 $E_2^{p,q} \Longrightarrow E^{p+q}$ が, $q \neq \alpha$ のとき $E_2^{p,q}=0$ を満たすならば, 端写像 $E_2^{p,\alpha} \to E^{p+\alpha}$ は同型になる.

証明 E^n に入っているフィルターづけを $F^m(E^n)$ で示す. さて, 条件より,

$$E_2^{q,\alpha} = E_3^{q,\alpha} = \cdots = E_\infty^{q,\alpha}$$

になり,

$$E_\infty^{q,\alpha} = F^q(E^{q+\alpha})/F^{q+1}(E^{q+\alpha+1})$$

であるが,

$$0 = E_2^{q-1,\alpha+1} = \cdots = E_\infty^{q-1,\alpha+1}$$

により $F^{q-1}(E^{q+\alpha})=F^q(E^{q+\alpha})$. 同様に, $E^{q+\alpha}=F^0(E^{q+\alpha})=\cdots=F^q(E^{q+\alpha})$ である. そして, $F^{q+1}(E^{q+\alpha})=F^{q+2}(E^{q+\alpha})=\cdots=0$. よって, $E_2^{q,\alpha} \simeq E^{q+\alpha}$. ▌

補題の条件を満たすスペクトル系列を (α) 退化という.

この補題によって, つぎの同型を得る.

$$\mathrm{Ext}^p(X\,;\mathcal{F},\mathcal{E}xt_{\mathcal{O}_P}{}^{n-r}(\mathcal{O}_V,\mathcal{O}_P)) \simeq \mathrm{Ext}^{p+n-r}(X\,;\mathcal{F},\mathcal{O}_P).$$

(3) $\omega_V=\mathcal{E}xt_{\mathcal{O}_P}{}^{n-r}(\mathcal{O}_V,\omega_P)\,|\,V$ とおいたから,

$$\mathrm{Ext}^p(X\,;\mathcal{F},\omega_V) \simeq \mathrm{Ext}^{p+n-r}(\boldsymbol{P}\,;j_*\mathcal{F},\omega_P).$$

一方, $H^{r-p}(V,\mathcal{F}) \simeq H^{r-p}(\boldsymbol{P},j_*\mathcal{F})$. それゆえ, 上式に $\boldsymbol{P}$ 上の Serre の双対律(定理2.2)

$$\mathrm{Ext}^{p+n-r}(\boldsymbol{P}\,;j_*\mathcal{F},\omega_P)\times H^{r-p}(\boldsymbol{P},j_*\mathcal{F}) \longrightarrow H^n(\boldsymbol{P},\omega_P)=k \quad \text{は} \quad \text{非退化},$$

を合成させて, 非退化な双1次形式

$$\mathrm{Ext}^p(V\,;\mathcal{F},\omega_V)\times H^{r-p}(V,\mathcal{F}) \longrightarrow k$$

を得る. これが, 目的の Serre の双対律を与えるものなのだが, それをいうためにはいろいろの準備がいる.

(4) 形式的なホモロジー代数の議論をつみ重ねると，つぎの可換図式を得る．

$$\begin{array}{ccc}\mathrm{Ext}^p(V;\mathscr{F},\omega_V)\times H^{r-p}(V,\omega_V) & \longrightarrow & H^r(V,\omega_V)\\ \wr\!\downarrow & & \downarrow\\ \mathrm{Ext}^{p+n-r}(\boldsymbol{P};j_*\mathscr{F},\omega_{\boldsymbol{P}})\times H^{r-p}(\boldsymbol{P},\omega_{\boldsymbol{P}}) & \longrightarrow & H^n(\boldsymbol{P},\omega_{\boldsymbol{P}})=k\end{array}$$

図式 2.8

(5) したがって，S I の主張 $H^r(V,\omega_V)\cong k$ が証明されれば，図式上段の内積の非退化性が示される．これこそ S II の主張であった．一方，$H^r(V,\omega_V)\to k$ は零写像ではない．もし，零写像ならば，図式2.8をみると，$\mathrm{Ext}^{p+n-r}\times H^{r-p}\to H^n(\boldsymbol{P},\omega_{\boldsymbol{P}})=k$ も零写像となり，非退化でなくなるからである．要するに，$\dim H^r(V,\omega_V)=1$ を検証すればよいことになった．一般に，$\dim H^{r-p}(V,\mathscr{F})=\dim \mathrm{Ext}^p(V;\mathscr{F},\omega_V)$ は証明されていたから，$\mathscr{F}=\omega_V$，$p=0$ とおき，

$$\dim H^r(V,\omega_V)=\dim \mathrm{Hom}\,(\omega_V,\omega_V)$$

を得る．$\mathscr{H}\!om(\omega_V,\omega_V)$ は $\mathscr{O}_V$ 加群層とみて連接的だから，

$$\mathrm{Hom}\,(\omega_V,\omega_V)=H^0(V,\mathscr{H}\!om(\omega_V,\omega_V))$$

は k 上有限次元の k 多元環である．一方，つぎの補題でみるように，ω_V は或る空でない開集合 U 上で可逆．よって，$\mathrm{Hom}\,(\omega_V,\omega_V)\subset R(V)$．すなわち，$\mathrm{Hom}\,(\omega_V,\omega_V)$ は可換で整域．よって，$\mathrm{Hom}\,(\omega_V,\omega_V)$ は k の有限次拡大体になった．k は代数閉体だから，$\mathrm{Hom}\,(\omega_V,\omega_V)=k$．よって，$\dim H^r(V,\omega_V)=1$，すなわち S I が示され，同時に S II も示された．∎

b) **補題 2.2** A を n 次元整域とし，$(a_1,\cdots,a_m)$ を A 正則列とする．$A_m=A\Big/\sum_{j=1}^m a_jA$ とおけば，

$$\mathrm{Ext}_A{}^p(A_m,A)=\begin{cases}0 & (p\neq m\ のとき)\\ A_m & (p=m\ のとき).\end{cases}$$

証明 m についての帰納法で行う．$m=0$ については定義通りである．また $m\geqq 1$ について，$\mathrm{Hom}_A(A_m,A)=0$ に注意しよう．そこで，完全系列

$$0\longrightarrow A_{m-1}\xrightarrow{\cdot a_m}A_{m-1}\longrightarrow A_m\longrightarrow 0$$

を用いて，

$$\begin{array}{l}\longrightarrow \mathrm{Ext}_A{}^j(A_m,A)\longrightarrow \mathrm{Ext}_A{}^j(A_{m-1},A)\longrightarrow \mathrm{Ext}_A{}^j(A_{m-1},A)\\ \longrightarrow \mathrm{Ext}_A{}^{j+1}(A_m,A)\longrightarrow \mathrm{Ext}_A{}^{j+1}(A_{m-1},A)\longrightarrow\quad (完全)\end{array}$$

を得る．$m-1$ についての仮定によると，

$$j \neq m-1,\ m-2 \quad ならば \quad \mathrm{Ext}_A{}^{j+1}(A_m, A) = 0.$$

$j=m-1$ のとき

$$0 \longrightarrow \underset{\substack{\| \\ A_{m-1}}}{\mathrm{Ext}_A{}^{m-1}(A_{m-1}, A)} \xrightarrow{\cdot a_m} \underset{\substack{\| \\ A_{m-1}}}{\mathrm{Ext}_A{}^{m-1}(A_{m-1}, A)} \longrightarrow \mathrm{Ext}_A{}^m(A_m, A) \longrightarrow 0$$

であるから，$\mathrm{Ext}_A{}^m(A_m, A) = A_m$ を得る．

$j=m-2$ のとき，

$$0 \longrightarrow \mathrm{Ext}_A{}^{m-1}(A_m, A) \longrightarrow \underset{\substack{\| \\ A_{m-1}}}{\mathrm{Ext}_A{}^{m-1}(A_{m-1}, A)} \xrightarrow{\cdot a_m} \underset{\substack{\| \\ A_{m-1}}}{\mathrm{Ext}_A{}^{m-1}(A_{m-1}, A)}$$

が完全系列であり，$\cdot a_m : A_{m-1} \to A_{m-1}$ は A 正則列の仮定から単射である．よって，$\mathrm{Ext}_A{}^{m-1}(A_m, A) = 0$. ▌

c) この補題は直ちに代数多様体に移されうる．

補題 2.3 X を n 次元代数多様体，V は r 次元の閉部分多様体で，その定義イデアル $\mathcal{J}$ は各点 x で，$n-r$ 個の $\mathcal{O}_{X,x}$ 正則列 $(a_1, \cdots, a_{n-r})$ により生成されているとする．そのとき，$\mathcal{L}$ を $\mathcal{O}_V$ 可逆層とすると，

$$\mathcal{E}xt_{\mathcal{O}_X}{}^p(\mathcal{L}, \omega) \,|\, V = \begin{cases} 0 & (p \neq n-r \text{ のとき}) \\ \text{可逆層} & (p = n-r \text{ のとき}). \end{cases}$$ ——

d) 以上により，Cohen-Macaulay 多様体についての Serre の双対律が示されたが，$\omega_V = \mathcal{E}xt_{\mathcal{O}_P}{}^{n-r}(\mathcal{O}_V, \omega_P) \,|\, V$ と $\Omega_V{}^r$ の関連をつけねば実用的価値に乏しい．そのために，Koszul 複体を導入する必要が生じる．

§2.5 Koszul 複体

a) A を環とし，A の元 $a_1, \cdots, a_r$ を考える．$I = \sum A\boldsymbol{e}_i$ とおくと，つぎの A 加群ができる．

$$K_0 = A,$$
$$K_1 = A^r = \sum A\boldsymbol{e}_i \qquad (A \text{ の } r \text{ 個の直和，} \{\boldsymbol{e}_i\} \text{ は底}),$$
$$K_i = \bigwedge\nolimits_A^i (A^r) \qquad (A \text{ 上の } i \text{ 次外積})$$

とおき，$\partial(\boldsymbol{e}_i) = a_i$ とおけば，∂ を A 準同型として延長すると

$$K_1 \xrightarrow{\partial} K_0 \longrightarrow A/I \longrightarrow 0$$

を得る．$K_2=\bigwedge^2 K_1=\sum A\boldsymbol{e}_i\wedge\boldsymbol{e}_j$ だから，$\partial(\boldsymbol{e}_i\wedge\boldsymbol{e}_j)=a_i\boldsymbol{e}_j-a_j\boldsymbol{e}_i$ とおくと，$K_2\to K_1\to K_0$ を合成すれば零写像になる．

$$K_3=\bigwedge^3 K_1=\sum A\boldsymbol{e}_i\wedge\boldsymbol{e}_j\wedge\boldsymbol{e}_k \xrightarrow{\partial} K_2$$

は $\partial(\boldsymbol{e}_i\wedge\boldsymbol{e}_j\wedge\boldsymbol{e}_k)=a_i\boldsymbol{e}_j\wedge\boldsymbol{e}_k-a_j\boldsymbol{e}_i\wedge\boldsymbol{e}_k+a_k\boldsymbol{e}_i\wedge\boldsymbol{e}_j$ と定め，同様につづける．かくして得た有限複体 $K.=(K., \partial)$ を詳しくは $K.(a_1,\cdots,a_r)$ で表し，$(a_1,\cdots,a_r)$ に関しての **Koszul 複体**という．

補題 2.4 A を Noether 環，$a_j\in\mathfrak{R}(A)$，M を有限生成 A 加群とし，$(a_1,\cdots,a_r)$ を M 正則列とするとき，$K.(a_1,\cdots,a_r;M)=K.(a_1,\cdots,a_r)\otimes_A M$ は M/IM の分解である．すなわち，

$$\begin{array}{ccccccccccccc} 0\longleftarrow M/IM & \xleftarrow{\partial} & M & \xleftarrow{\partial} & \bigwedge^2 M & \xleftarrow{\partial} & \bigwedge^3 M & \longleftarrow\cdots\xleftarrow{\partial} & M & \xleftarrow{\partial} 0 \\ & & \| & & \| & & \| & & \| & \\ & & K_0\otimes M & & K_1\otimes M & & K_2\otimes M & & K_r\otimes M & \end{array}$$

は完全系列である．

証明 (1) r についての帰納法で証明する．$r=1$ のときは自明．そこで，$r-1$ のときを仮定し $\alpha\in K_1\otimes M$ をとるとき，$\alpha=x_1\boldsymbol{e}_1+\alpha_2$ ($x_1\in M$, $\alpha_2\in M\boldsymbol{e}_2+\cdots+M\boldsymbol{e}_r$) と分解する．

$$\partial\alpha=x_1a_1+\partial\alpha_2=0$$

と仮定すると，$x_1a_1=-\partial\alpha_2\in Ma_2+\cdots+Ma_r$．よって $(a_2,\cdots,a_r,a_1)$ は M 正則列だから，$x_1=y_2a_2+\cdots+y_ra_r$ と $y_j\in M$ らによって書ける．$y_2a_2+\cdots+y_ra_r=\partial(y_2\boldsymbol{e}_2+\cdots+y_r\boldsymbol{e}_r)$ なので，

$$\partial\alpha=\partial(a_1y_2\boldsymbol{e}_2+\cdots+a_1y_r\boldsymbol{e}_r)+\partial\alpha_2=0.$$

そこで，$r-1$ のときが仮定されているから，$\beta_2\in K_2(a_2,\cdots,a_r;M)$ により

$$a_1y_2\boldsymbol{e}_2+\cdots+a_1y_r\boldsymbol{e}_r+\alpha_2=\partial\beta_2$$

と書ける．ゆえに

$$\alpha=x_1\boldsymbol{e}_1+\partial\beta_2-a_1y_2\boldsymbol{e}_2-\cdots-a_1y_r\boldsymbol{e}_r.$$

一方，$\partial(\sum_{j=2}^r y_j\boldsymbol{e}_1\wedge\boldsymbol{e}_j)=\sum y_ja_1\boldsymbol{e}_j-\sum y_ja_j\boldsymbol{e}_1=a_1\sum_{j=2}^r y_j\boldsymbol{e}_j-x_1\boldsymbol{e}_1$ が成り立つので，

$$\alpha=\partial(\beta_2-\sum_{j=2}^r y_j\boldsymbol{e}_1\wedge\boldsymbol{e}_j).$$

(2) $\alpha \in K_s(a_1, \cdots, a_r ; M)$ $(s \geqq 2)$ に対してはやさしい．すなわち，$\alpha_1 \in K_{s-1}(a_2, \cdots, a_r ; M)$ と $\alpha_2 \in K_s(a_2, \cdots, a_r ; M)$ とによって $\alpha = \boldsymbol{e}_1 \wedge \alpha_1 + \alpha_2$ と表す．

$$\partial\alpha = a_1\alpha_1 - \boldsymbol{e}_1 \wedge \partial\alpha_1 + \partial\alpha_2 = 0$$

によって $\partial\alpha_1 = 0$, $a_1\alpha_1 + \partial\alpha_2 = 0$ を得る．α_1 について帰納法の仮定を用いると，$K_s(a_2, \cdots, a_r ; M)$ の元 β_1 により，$\alpha_1 = \partial\beta_1$ と書ける．$a_1\partial\beta_1 + \partial\alpha_2 = 0$ だから，帰納法の仮定を再び用いて，$a_1\beta_1 + \alpha_2 = \partial\beta_3$ となる $\beta_3 \in K_{s+1}(a_2, \cdots, a_r ; M)$ が選べる．よって，

$$\alpha = \boldsymbol{e}_1 \wedge \partial\beta_1 + \partial\beta_3 - a_1\beta_1 = \partial(-\boldsymbol{e}_1 \wedge \beta_1 + \beta_3). \qquad \blacksquare$$

b) 応用上は，$(a_1, \cdots, a_r)$ $(a_i \in A)$ が A 正則列になるときが重要である．補題 2.4 により，このとき，つぎの完全系列を得る．

$$0 \longleftarrow A/I \longleftarrow A \longleftarrow K_1(A) \longleftarrow \cdots \longleftarrow K_r(A) \longleftarrow 0 \quad (\text{完全}).$$

これに $\mathrm{Hom}_A(\cdot, M)$ を作用させる．

$$K^j(a_1, \cdots, a_r ; M) = \mathrm{Hom}_A(K_j(a_1, \cdots, a_r), M)$$

とおくとき，∂ の双対準同型を d と書く．複体

$$0 \longrightarrow K^r(a_1, \cdots, a_r ; M) \xrightarrow{d} K^{r-1}(a_1, \cdots, a_r ; M) \xrightarrow{d} \cdots$$

$$\longrightarrow K^1(a_1, \cdots, a_r ; M) \xrightarrow{d} K^0(a_1, \cdots, a_r ; M) = M \longrightarrow \mathrm{Hom}_A(A/I, M) \longrightarrow 0$$

によって $\mathrm{Ext}_A{}^j(A/I, M)$ が計算されるわけである．すなわち，

$$\mathrm{Ext}_A{}^j(A/I, M) = H^j(K^{\cdot}(a_1, \cdots, a_r ; M)).$$

とくに

$$\begin{aligned}\mathrm{Ext}_A{}^r(A/I, M) &= H^r(K^{\cdot}(a_1, \cdots, a_r ; M)) \\ &= K^r(a_1, \cdots, a_r ; M)/dK^{r-1}(a_1, \cdots, a_r ; M)\end{aligned}$$

と書かれることがわかった．

c) 実は $H^r(K^{\cdot}(a_1, \cdots, a_r ; M)) \simeq M/IM$ なのである．この同型 φ_a は

$$K^r = \mathrm{Hom}\,(K_r, M) \ni \xi \longmapsto \xi(\boldsymbol{e}_1 \wedge \cdots \wedge \boldsymbol{e}_r) \in M$$

から導かれる．実際，$\xi = d\eta$ のとき，$\xi(\boldsymbol{e}_1 \wedge \cdots \wedge \boldsymbol{e}_r) = \eta(\partial(\boldsymbol{e}_1 \wedge \cdots \wedge \boldsymbol{e}_r)) = \eta(a_1\boldsymbol{e}_2 \wedge \cdots \wedge \boldsymbol{e}_r - a_2\boldsymbol{e}_1 \wedge \boldsymbol{e}_3 \wedge \cdots \wedge \boldsymbol{e}_r + \cdots) = a_1\eta(\boldsymbol{e}_2 \wedge \cdots \wedge \boldsymbol{e}_r) - a_2\eta(\boldsymbol{e}_1 \wedge \boldsymbol{e}_3 \wedge \cdots \wedge \boldsymbol{e}_r) + \cdots \in IM$ である．逆に，IM の元 $\sum a_i x_i$ により $\xi(\boldsymbol{e}_1 \wedge \cdots \wedge \boldsymbol{e}_r) = \sum a_i x_i$ と書けるならば，

$$\eta = x_1\boldsymbol{e}_2 \wedge \cdots \wedge \boldsymbol{e}_r - x_2\boldsymbol{e}_1 \wedge \boldsymbol{e}_3 \wedge \cdots \wedge \boldsymbol{e}_r + \cdots$$

とおけば

$$d\eta(\boldsymbol{e}_1\wedge\cdots\wedge\boldsymbol{e}_r)=a_1x_1+a_2x_2+\cdots=\xi(\boldsymbol{e}_1\wedge\cdots\wedge\boldsymbol{e}_r).$$

よって

$$H^r(K^{\cdot}(a_1,\cdots,a_r;M))\simeq M/IM.$$

$K^{\cdot}(a_1,\cdots,a_r;M)$ はイデアル $I=\sum a_iA$ ではなく正則列 $(a_1,\cdots,a_r)$ に直接依存する．同じ I を生成する別の A 正則列 $(b_1,\cdots,b_r)$ をとってみよう．$a_i=\sum c_{ij}b_j$ と行列 $[c_{ij}]\in GL(r,A)$ により表示され，それは直ちに同型

$$\begin{array}{ccc} K_1(a_1,\cdots,a_r) & \xrightarrow{c} & K_1(b_1,\cdots,b_r) \\ \cup\!\!\!\shortmid & & \cup\!\!\!\shortmid \\ \boldsymbol{e}_i & \longmapsto & \sum c_{ij}\boldsymbol{e}_j \end{array}$$

を導く．その s 回外積として $\overset{s}{\bigwedge}c:K_s(a_1,\cdots,a_r)\to K_s(b_1,\cdots,b_r)$ も導かれる．ところで，

$$c\partial(\boldsymbol{e}_i\wedge\boldsymbol{e}_j)=c(a_i\boldsymbol{e}_j-a_j\boldsymbol{e}_i)=a_i\sum c_{jp}\boldsymbol{e}_p-a_j\sum c_{iq}\boldsymbol{e}_q,$$

$$\begin{aligned}\partial\overset{2}{\bigwedge}c(\boldsymbol{e}_i\wedge\boldsymbol{e}_j)&=\partial(\sum c_{ip}c_{jq}\boldsymbol{e}_p\wedge\boldsymbol{e}_q)=\sum c_{ip}c_{jq}(b_p\boldsymbol{e}_q-b_q\boldsymbol{e}_p)\\&=\sum c_{jq}(\sum c_{ip}b_p)\boldsymbol{e}_q-\sum c_{ip}(\sum c_{jq}b_q)\boldsymbol{e}_p\end{aligned}$$

によると，

$$\begin{array}{ccc} K_1(a_1,\cdots,a_r) & \xrightarrow{c} & K_1(b_1,\cdots,b_r) \\ \partial\uparrow & \circlearrowright & \uparrow\partial \\ K_2(a_1,\cdots,a_r) & \xrightarrow[\overset{2}{\bigwedge}c]{} & K_2(b_1,\cdots,b_r) \end{array}$$

が可換になる．同様にして，$\overset{s}{\bigwedge}c:K_s(a_1,\cdots,a_r)\to K_s(b_1,\cdots,b_r)$ を考えると，つぎの可換図式を得る．ただし $a=(a_1,\cdots,a_r)$，$b=(b_1,\cdots,b_r)$ と書いた．

$$\begin{array}{ccccccc} K_1(a) & \longleftarrow & K_2(a) & \longleftarrow & & \longleftarrow & K_r(a) \\ c\downarrow & \circlearrowright & \downarrow\overset{2}{\bigwedge}c & & \cdots\cdots & \circlearrowright & \downarrow\overset{r}{\bigwedge}c \\ K_1(b) & \longleftarrow & K_2(b) & \longleftarrow & & \longleftarrow & K_r(b) \end{array}$$

これの双対を考えよう．$\overset{s}{\bigwedge}c$ の双対を ${}^t\!\left(\overset{s}{\bigwedge}c\right)$ と書けば，つぎの図式を得る．

$$\begin{array}{ccccccc} K^1(a;M) & \xrightarrow{d} & K^2(a;M) & \longrightarrow & & \xrightarrow{d} & K^r(a;M) \\ {}^tc\uparrow & & \uparrow{}^t\!\left(\overset{2}{\bigwedge}c\right) & & \cdots\cdots & & \uparrow{}^t\!\left(\overset{r}{\bigwedge}c\right) \\ K^1(b;M) & \longrightarrow & K^2(b;M) & \longrightarrow & & \longrightarrow & K^r(b;M) \end{array}$$

そこで $\delta=\det[c_{ij}]$, $\bar{\delta}=\delta \bmod I=\det[c_{ij} \bmod I]$ とおく．つぎの可換図式

$$\begin{array}{ccc} H^r(a;M)=K^r(a;M)/\mathrm{Im}\, d & \xrightarrow{\varphi_a} & M/IM \\ {}^t\!\left(\overset{r}{\bigwedge} c\right)\Big\uparrow & & \Big\uparrow\cdot\bar{\delta} \\ H^r(b;M)=K^r(b;M)/\mathrm{Im}\, d & \xrightarrow[\varphi_b]{} & M/IM \end{array}$$

図式 2.9

を得る．なぜならば，$\xi\in K^r(b;M)$ をとると，${}^t\!\left(\overset{r}{\bigwedge} c\right)\xi(\boldsymbol{e}_1\wedge\cdots\wedge\boldsymbol{e}_r)=\xi(\delta\boldsymbol{e}_1\wedge\cdots\wedge\boldsymbol{e}_r)=\bar{\delta}\xi(\boldsymbol{e}_1\wedge\cdots\wedge\boldsymbol{e}_r)=\bar{\delta}\varphi_b(\xi)$．一方，定義により，$\varphi_a\left({}^t\overset{r}{\bigwedge} c(\xi)\right)={}^t\!\left(\overset{r}{\bigwedge} c\right)\xi(\boldsymbol{e}_1\wedge\cdots\wedge\boldsymbol{e}_r)$．よって，$\varphi_a\left({}^t\overset{r}{\bigwedge} c(\xi)\right)=\bar{\delta}\varphi_b(\xi)$ となるからである．かくして，つぎの可換図式を書くことができる．

$$\begin{array}{ccccc} & & H^r(a;M) & \xrightarrow{\varphi_a} & M/IM \\ & \diagup\!\!\!\diagup & & & \Big\uparrow\cdot\bar{\delta} \\ \mathrm{Ext}_A{}^r(A/I,M) & & & & \\ & \diagdown\!\!\!\diagdown & & & \\ & & H^r(b;M) & \xrightarrow[\varphi_b]{} & M/IM \end{array}$$

図式 2.10

したがって $\mathrm{Ext}_A{}^r(A/I,M)\to M/IM$ を改めて φ_a と書くと，

$$\varphi_a=\bar{\delta}\varphi_b=\det[\bar{c}_{ij}]\varphi_b \qquad (\bar{c}_{ij}=c_{ij} \bmod I)$$

を得る．

d) こんどは，$\det[\bar{c}_{ij}]$ 倍を消去することを考えよう．$(a_1,\cdots,a_r)$ が A 正則列のとき

$$\mathrm{gr}_I{}^{\cdot}A=\bigoplus I^m/I^{m+1}\rightleftarrows A/I[T_1,\cdots,T_r]$$

なる同型があった．とくに，

$$I/I^2=(A/I)\,T_1+\cdots+(A/I)\,T_r\rightleftarrows(A/I)^r.$$

そこで A/I 上の外積を考えると，$\overset{r}{\bigwedge}(I/I^2)\rightleftarrows A/I$．さて

$$M/IM=\mathrm{Hom}_{A/I}(A/I,M/IM)=\mathrm{Hom}_{A/I}\left(\overset{r}{\bigwedge}(I/I^2),M/IM\right)$$

と考えられる．

この同型は $a=(a_1,\cdots,a_r)$ に依存する．すなわち，$\bar{a}_i=a_i \bmod I^2$ とおくとき，$\overset{r}{\bigwedge}(I/I^2)=A/I\,\bar{a}_1\wedge\cdots\wedge\bar{a}_r$ なのだから，$f\in\mathrm{Hom}\left(\overset{r}{\bigwedge}(I/I^2),M/IM\right)$ に対して，$f(\bar{a}_1\wedge\cdots\wedge\bar{a}_r)\in M/IM$．$\psi_a(f)=f(\bar{a}_1\wedge\cdots\wedge\bar{a}_r)$ とおくと，つぎの同型を得る：

$$\psi_a\colon \operatorname{Hom}_A\left(\bigwedge^r (I/I^2), M/IM\right) \simeq M/IM.$$

c) と同様の $b=(b_1, \cdots, b_r)$ をとり，$a_i=\sum c_{ij}b_j$ と $c_{ij}\in A$ によって書かれるならば，$\bar{a}_i=\sum \bar{c}_{ij}\bar{b}_j$ により，

$$\bar{a}_1\wedge\cdots\wedge\bar{a}_r = \det[\bar{c}_{ij}]\bar{b}_1\wedge\cdots\wedge\bar{b}_r.$$

$$\psi_a(f) = f(\bar{a}_1\wedge\cdots\wedge\bar{a}_r) = \det[\bar{c}_{ij}]\psi_b(f) = \bar{\delta}\psi_b(f).$$

よって

$$\operatorname{Ext}^r(A/I, M) = H^r(K^\cdot(a_1, \cdots, a_r; M)) \xrightarrow{\varphi_a} M/IM \xrightarrow{\psi_a^{-1}} \operatorname{Hom}\left(\bigwedge^r (I/I^2), M/IM\right)$$

は I のみに依存してきまる同型であることが証明されたのである．

§2.6　ω_V の微分型式表示

前述の考察により，大局化されたつぎの定理を直ちに得る．

a)　定理 2.4　V を r 次元非特異射影多様体とする．このとき

$$\omega_V = \Omega_V{}^r.$$

証明　V は $\boldsymbol{P}^n$ に閉埋入されているとしよう．V は非特異で，V を定める $\boldsymbol{P}^n$ のイデアル層 $\mathcal{I}$ は各点 p で，$n-r$ 個の $\mathcal{O}_{V,x}$ 正則列により生成される．ゆえに

$$(*)\qquad \omega_V = \mathcal{EXT}_{\mathcal{O}_P}{}^{n-r}(\mathcal{O}_V, \omega_P)\,|\,V \simeq \mathcal{HOM}\left(\bigwedge^{n-r}(\mathcal{I}/\mathcal{I}^2), \omega_P\,|\,V\right)$$

を得る．$\boldsymbol{P}^n$ の超平面因子を H と書くと，

$$\omega_P = \mathcal{O}(-(n+1)H), \qquad \omega_P\,|\,V = \mathcal{O}(-(n+1)H\,|\,V)$$

になる．ところで，$(\mathcal{I}/\mathcal{I}^2)^\vee$ は V の $\boldsymbol{P}^n$ 内での法バンドル $\boldsymbol{N}_{V/P}$ の層であり，つぎの補題が成立する．

補題 2.5　$\Omega_V{}^r = \Omega_P{}^n\,|\,V\otimes\mathcal{O}(\det \boldsymbol{N}_{V/P}) = \omega_P\,|\,V\otimes\left(\bigwedge^{n-r}(\mathcal{I}/\mathcal{I}^2)\right)^\vee.$　——

証明は II, §5.10 同伴公式のそれと全く同様だから省略する．

定理 2.4 の証明を続ける．

$$\mathcal{HOM}\left(\bigwedge^{n-r}(\mathcal{I}/\mathcal{I}^2), \omega_P\right) = \left(\bigwedge^{n-r}(\mathcal{I}/\mathcal{I}^2)\right)^\vee\otimes\omega_P\,|\,V$$

なので，上式 (＊) と補題 2.5 により証明が完了した．∎

b) Cohen-Macaulay 多様体 V が，非特異多様体 P に閉埋入されているとき，$\omega_V=\mathcal{EXT}_{\mathcal{O}_P}{}^{n-r}(\mathcal{O}_V,\omega_P)$ と ω_V を定義すると，これは P のとり方に依存しない．なぜならば，$V\subset \boldsymbol{P}$, $V\subset \boldsymbol{P}'$ と二様の閉埋入のあるとき，$V\simeq \varDelta(V)\subset V\times V\subset \boldsymbol{P}\times \boldsymbol{P}'$ をつくれて，$\boldsymbol{P}\times\boldsymbol{P}'$ も非特異だから，$\boldsymbol{P}'\subset\boldsymbol{P}$ のとき ω_V が $\boldsymbol{P}$ のとり方によらないことをみさえすればよい．$X=\boldsymbol{P}'$ と書く．

$$\mathcal{HOM}_{\mathcal{O}_P}(\mathcal{O}_V,\omega_P)=\mathcal{HOM}_{\mathcal{O}_X}(\mathcal{O}_V,\mathcal{HOM}_{\mathcal{O}_P}(\mathcal{O}_X,\omega_P))$$

によると，スペクトル系列

$$\mathcal{EXT}^p(\mathcal{O}_V,\mathcal{EXT}_{\mathcal{O}_P}{}^q(\mathcal{O}_X,\omega_P))\Longrightarrow \mathcal{EXT}_{\mathcal{O}_P}{}^{p+q}(\mathcal{O}_V,\omega_P)$$

ができる．X は非特異だから $q=n-s$ ($n=\dim \boldsymbol{P}$, $s=\dim X$) を除いて，$\mathcal{EXT}^q(\mathcal{O}_X,\omega_P)=0$ かつ $\omega_X=\mathcal{EXT}_{\mathcal{O}_P}{}^{n-s}(\mathcal{O}_X,\omega_P)$ は定理 2.4 の帰結である．よって，上のスペクトル系列は退化して，補題 2.1 が使え，

$$\mathcal{EXT}_{\mathcal{O}_X}{}^p(\mathcal{O}_V,\omega_X)\simeq\mathcal{EXT}_{\mathcal{O}_P}{}^{p+n-s}(\mathcal{O}_V,\omega_P)$$

を得る．$r=\dim V$ のとき，$p\neq s-r$ ならば $p+n-s\neq n-r$．よって，このとき上記の式はともに 0．そして

$$\mathcal{EXT}_{\mathcal{O}_X}{}^{s-r}(\mathcal{O}_V,\omega_X)\,|\,V\simeq\mathcal{EXT}_{\mathcal{O}_P}{}^{n-r}(\mathcal{O}_V,\omega_P)\,|\,V$$

を得る．これが求める式である．

c) X を n 次元非特異完備代数多様体，V をその上の素因子とする．V の定義イデアル層を $\mathcal{O}(-V)$ と書こう．完全系列

$$0\longrightarrow\mathcal{O}_X(-V)\longrightarrow\mathcal{O}_X\longrightarrow\mathcal{O}_V\longrightarrow 0$$

に，$\mathcal{HOM}_{\mathcal{O}_X}(\cdot,\Omega_X{}^n)$ を作用させる．すると

$$\begin{array}{ccccc}0\longrightarrow\mathcal{HOM}(\mathcal{O}_V,\Omega_X{}^n)&\longrightarrow&\mathcal{HOM}(\mathcal{O}_X,\Omega_X{}^n)&\longrightarrow&\mathcal{HOM}(\mathcal{O}_X(-V),\Omega_X{}^n)\\ \parallel&&\parallel&&\parallel\\ 0&&\Omega_X{}^n&&\Omega_X{}^n(V)\end{array}$$

$$\begin{array}{ccc}\longrightarrow\mathcal{EXT}_{\mathcal{O}_X}{}^1(\mathcal{O}_V,\Omega_X{}^n)&\longrightarrow&\mathcal{EXT}_{\mathcal{O}_X}{}^1(\mathcal{O}_X,\Omega_X{}^n)\quad(\text{完全}).\\ \parallel&&\parallel\\ \omega_V&&0\end{array}$$

よって，

$$0\longrightarrow\Omega_X{}^n\longrightarrow\Omega_X{}^n(V)\longrightarrow\omega_V\longrightarrow 0\quad(\text{完全}).$$

したがって $\Omega_X{}^n(V)$ を，はじめの完全系列にテンソル積する：

$$0\longrightarrow\Omega_X{}^n\longrightarrow\Omega_X{}^n(V)\longrightarrow\mathcal{O}_V\otimes\Omega_X{}^n(V)\longrightarrow 0\quad(\text{完全}).$$

これらを合せて，$\omega_V=\mathcal{O}_V\otimes\Omega_X{}^n(V)=\Omega_X{}^n(V)\,|\,V$.

すなわち，このとき ω_V は可逆層になる．一般に，A を n 次元正則局所環，$B=A/I$ を r 次元の Cohen-Macaulay 環とする．ただ一つ消えない $\mathrm{Ext}_A{}^{n-r}(B, A)$ (定理 1.20) が B と同型になるとき，B を **Gorenstein 環**という．この言葉を使えば，前述の V の各局所環は Gorenstein 環といえるわけである．このような V を **Gorenstein 多様体**という．Gorenstein 多様体 V の ω_V は可逆層になる．

§2.7　特異曲線上の Riemann-Roch の定理

a）C を代数閉体 k 上の完備曲線とする．$\mathscr{L}$ を C 上の Cartier 因子 D の層(これを**因子**と短縮してよぶ)としよう．II，§8.9 によると，$\deg\mathscr{L}=(\mathscr{L})=\chi_C-\chi(\mathscr{L}^{-1})$ とおけば，$\deg\mathscr{L}$ は加法的になる．$\pi=\dim H^1(C, \mathscr{O}_C)$ とおき，これを C の**仮想種数**(virtual genus)とよぶと，deg の定義によって，

$$\chi(\mathscr{L}^{-1}) = 1-\pi+\deg\mathscr{L}^{-1}.$$

$\mathscr{L}^{-1}$ を $\mathscr{L}$ と書くと，

$$\chi(\mathscr{L}) = 1-\pi+\deg\mathscr{L}.$$

C の正規化 $\lambda: C'\to C$ を考えれば直ちに C は射影曲線になることがわかる．たとえば，C の非特異点 p をとり (Cartier) 因子 (特異曲線を論じているとき，因子は Cartier 因子の意味に用いる) $\mathscr{O}(p)$ をつくると，$\lambda^*\mathscr{O}(p)$ はアンプル因子である (II，定理 6.8)．よって $\mathscr{O}(p)$ もアンプル因子になる (II，定理 7.33)．したがって，C は射影曲線．そこで定理 2.3 によると，ω_C が定義され Serre の双対律が成立する．たとえば，因子 $\mathscr{L}$ に対して

$$\dim H^1(C, \mathscr{L}) = \dim H^0(C, \mathscr{L}^{-1}\otimes\omega_C).$$

もう少し一般に $\mathscr{F}$ を連接的 $\mathscr{O}_C$ 加群層とすると，

$$\mathrm{S\,II}_C \qquad \dim H^1(C, \mathscr{F}) = \dim \mathrm{Hom}\,(\mathscr{F}, \omega_C)$$

を得る．これを $\mathrm{S\,II}_C$ として引用しよう．

b）代数曲線 C は Cohen-Macaulay 多様体 (§1.7, b)) だが，Gorenstein 多様体とは限らない．したがって，重要な層 ω_C は一般に可逆層ではない．しかし，C の非特異点集合 $\mathrm{Reg}\,C$ 上では，$\omega_C|\mathrm{Reg}\,C$ は可逆層であり，特異点 p においても $\omega_{C,p}$ は零因子を持たぬことが示される．(A 加群 M の零因子 x とは，(i) $x\neq 0$，(ii) 或る $a\neq 0\in A$ があり $ax=0$，を満たす M の元の意味.)

つぎの条件を満たす，連接的 $\mathscr{O}_C$ 加群層 $\mathscr{F}$ を C の準可逆層，または短く**準因

子 (の層) という：

(i) $\mathscr{F}|\mathrm{Reg}\,C$ は可逆層,

(ii) 各 $p\in C$ において $\mathscr{F}_p$ は $\mathscr{O}_p$ 加群として零因子を持たない.

ところで, (i) を満たし, (ii) を満たさない $\mathscr{F}$ を考えてみよう. すると, 或る p で, $x\neq 0\in\mathscr{F}_p$ があり, $a\neq 0\in\mathscr{O}_p$ により零化される. x の或る代表をとり $\sigma\in\Gamma(U_p,\mathscr{F})$ としよう. ここに U_p は p の或るアフィン近傍. また $\alpha\in\Gamma(U_p,\mathscr{O}_C)$ を a の代表としよう. $\alpha_p=a\in\mathfrak{m}_p$ (もし $a\notin\mathfrak{m}_p$ ならば a は $\mathscr{O}_p$ の可逆元だから矛盾) なので, $V(\alpha)$ は p を孤立点にもつ. ゆえに, U_p を小さくとり, $V(\alpha)=\{p\}$ としてよい. すると, $(\sigma\alpha)_p=0$ は $\sigma\alpha$ が p の近傍で 0, すなわち $\sigma\alpha=0$ と仮定できるから, $\sigma|(U_p-\{p\})=0$. 実際, $\alpha|(U_p-\{p\})$ は各 $U_p-\{p\}$ 上で可逆の芽を定めるからである. すなわち, $\sigma\mathscr{O}_{U_p}$ は $\mathrm{Supp}\,\sigma\mathscr{O}_{U_p}=\{p\}$. よって, U_p の外では0として, $\mathscr{F}$ の部分層 $\mathscr{T}$ が定義される. すなわち, $\mathscr{F}$ は自明でない, Supp が有限集合の $\mathscr{O}_C$ 部分加群層をもつことがわかった. もちろんこの逆は自明. ゆえにつぎの補題を得る.

補題 2.6 連接的 $\mathscr{O}_C$ 加群層 $\mathscr{F}$ が,

(i) $\mathscr{F}|\mathrm{Reg}\,C$ は可逆層

を満たすとき, つぎの (ii) と (ii)* は同値である：

(ii) 各 p で $\mathscr{F}_p$ は $\mathscr{O}_p$ 加群として零因子を持たない,

(ii)* $\mathscr{F}$ は0次元部分加群層を持たない. ——

注意 $\mathscr{O}_C$ 加群層 $\mathscr{T}$ は, もし $\mathrm{Supp}\,\mathscr{T}$ が有限集合のとき, いいかえると $\dim\mathrm{Supp}\,\mathscr{T}=0$ のとき, **0次元層**とよばれる. 図のように $\mathscr{T}$ が表示されるので, 0次元層 $\mathscr{T}$ は俗に**超高層ビル** (skyscraper) ともよばれる.

可逆層は準可逆層になる. なぜならば, $\mathscr{O}_{C,p}$ には零因子がないからである.

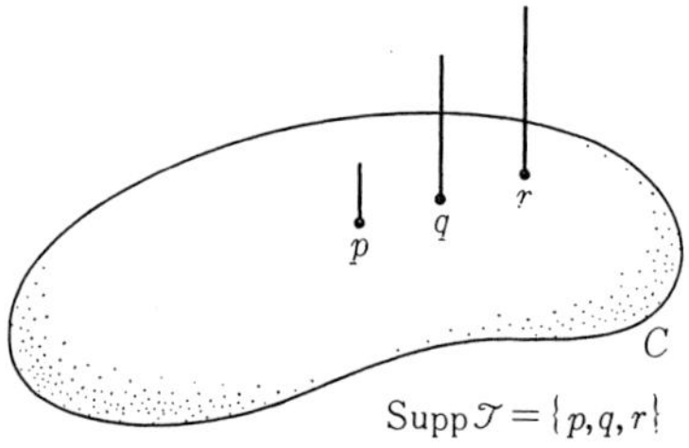

図 2.1 超高層ビル的な層

定理 2.5　C を代数曲線とするとき，ω_C は準因子である．

証明　$p \in \mathrm{Reg}\, C$ とすると，$\omega_{C,p}$ は $\mathcal{O}_{C,p}$ と同型である．一般に，$p \in C$ に対して $\omega_{C,p}$ は零因子をもたない．すなわち，$a \in \mathcal{O}_{C,p}$ をとり $a \neq 0$ ならば $\cdot a : \omega_{C,p} \to \omega_{C,p}$ は単射になる．実際，$a \notin \mathfrak{m}_{C,p}$ ならば $ab=1$ なる $b \in \mathcal{O}_{C,p}$ があり，$\cdot b \circ \cdot a = \mathrm{id}$ だから，$\cdot a$ は単射になる．さて，$a \in \mathfrak{m}_{C,p}$ ならば a は $\mathcal{O}_{C,p}$ 正則である．そこで，つぎの補題を用いる．

補題 2.7　定理 1.21 の記号，条件をそのまま仮定する．$a \in \mathfrak{m}\,(=A$ の極大イデアル$)$ が B 正則のとき，

$$\mathrm{Ext}_A{}^{n-r}(B, A) \xrightarrow{\cdot a} \mathrm{Ext}_A{}^{n-r}(B, A)$$

は単射である．

証明　完全系列

$$0 \longrightarrow B \xrightarrow{\cdot a} B \longrightarrow B/aB \longrightarrow 0$$

を考える．B/aB も Cohen-Macaulay 環であって $\dim(B/aB) = n-r-1$．ゆえに，

$$\mathrm{Ext}_A{}^{n-r}(B/aB, A) = 0.$$

したがって，完全系列

$$0 = \mathrm{Ext}_A{}^{n-r}(B/aB, A) \longrightarrow \mathrm{Ext}_A{}^{n-r}(B, A) \xrightarrow{\cdot a} \mathrm{Ext}_A{}^{n-r}(B, A)$$

を得る．∎

c)　準因子 $\mathcal{F}$ に対して，C 上の Riemann-Roch の定理を証明したいのだが，$\deg \mathcal{F}$ の定義を適切にすることがまず必要になる．しからば，‘適切’とは何か．答：それによって，Riemann-Roch の定理が成立すること！　したがって，

$$\chi(\mathcal{F}) = 1 - \pi + \deg \mathcal{F}$$

なる式をもって，$\deg \mathcal{F}$ を定義してしまうのも一案であろう．このとき，deg は加法性を持つであろうか．

定理 2.6　(i)　$\deg \mathcal{O}_C = 0$.

(ii)　$\deg(\mathcal{F} \otimes \mathcal{L}) = \deg \mathcal{F} + \deg \mathcal{L}$．ここに $\mathcal{F}$ は準因子，$\mathcal{L}$ は因子．

証明　(i) は $\pi = \dim H^1(C, \mathcal{O}_C)$ から明らかに成立する．一般に，準因子の積が準因子かどうかわからないので，準因子⊗因子 の形に限ったのである．$\mathcal{F} \otimes \mathcal{L}$ が準因子になることは見易い．なぜならば，$\mathcal{F} \otimes \mathcal{L}$ が 0 次元の部分層 $\mathcal{T}$ をもてば，$\mathcal{T} \otimes \mathcal{L}^{-1} \neq 0$ も 0 次元で，$\mathcal{F}$ の部分層になるからである．

ひとまず(ii)を，$\dim H^0(\mathcal{F}) \neq 0$ を満たす $\mathcal{F}$ について証明しよう．$H^0(C, \mathcal{F}) = \mathrm{Hom}(\mathcal{O}_C, \mathcal{F})$ だから，$H^0(C, \mathcal{F})$ の非零元に応ずる $\varphi \in \mathrm{Hom}(\mathcal{O}_C, \mathcal{F})$ をとる．すると，

$$0 \longrightarrow \mathrm{Ker}\,\varphi \longrightarrow \mathcal{O}_C \xrightarrow{\varphi} \mathcal{F} \quad (\text{完全}).$$

さて $\mathcal{O}_C \mid \mathrm{Reg}\, C \leftrightarrows \mathcal{F} \mid \mathrm{Reg}\, C$ だから，$\mathrm{Supp}(\mathrm{Ker}\,\varphi) \subset \mathrm{Sing}\, C$ は有限集合．よって $\mathrm{Ker}\,\varphi$ は0次元で $\mathcal{O}_C$ の部分層である．ゆえに $\mathrm{Ker}\,\varphi = 0$．かくして，

$$(*) \qquad 0 \longrightarrow \mathcal{O}_C \xrightarrow{\varphi} \mathcal{F} \longrightarrow \mathcal{T} \longrightarrow 0 \quad (\text{完全})$$

と $\mathcal{T}$ を定義すると，$\mathrm{Supp}\,\mathcal{T}$ も有限集合．すなわち，$\mathcal{T}$ は0次元である．よって，$\mathcal{T} \otimes \mathcal{L} = \mathcal{T}$．すなわち，完全系列

$$(**) \qquad 0 \longrightarrow \mathcal{L} \longrightarrow \mathcal{L} \otimes \mathcal{F} \longrightarrow \mathcal{T} \longrightarrow 0$$

を得る．これら2本の完全系列(*), (**)により，Euler-Poincaré 指標を計算すると，

$$\chi_C - \chi(\mathcal{F}) + \chi(\mathcal{T}) = 0,$$
$$\chi(\mathcal{L}) - \chi(\mathcal{F} \otimes \mathcal{L}) + \chi(\mathcal{T}) = 0$$

を得る．これによると

$$\begin{aligned} \chi(\mathcal{F}) - \chi_C &= \chi(\mathcal{F} \otimes \mathcal{L}) - \chi(\mathcal{L}) \\ &= \chi(\mathcal{F} \otimes \mathcal{L}) - \chi_C - \{\chi(\mathcal{L}) - \chi_C\}. \end{aligned}$$

deg の定義に戻ると，

$$\deg \mathcal{F} = \deg(\mathcal{F} \otimes \mathcal{L}) - \deg \mathcal{L}.$$

つぎに，一般の $\mathcal{F}$ について(ii)を確認しよう．まず，つぎのことに注意する：$\mathcal{L}$ についての Riemann-Roch の定理によれば，$\mathcal{L}$ を準因子とみたときの $\deg \mathcal{L}$ と因子とみたときの $\deg \mathcal{L}$ とが一致することがわかる．$\mathcal{F}$ を C 上の準因子としよう．そこで，p を a)のように非特異点集合から選んで可逆層 $\mathcal{O}(p)$ を定めるとき，$\mathcal{O}(p)$ はアンプルになった．$m \gg 0$ にとると，II，定理 7.15 (定理 A)により，$\dim H^0(\mathcal{F} \otimes \mathcal{O}(mp)) \neq 0$．よって，$\mathcal{F}_1 = \mathcal{F} \otimes \mathcal{O}(mp)$ と $\mathcal{L}_1 = \mathcal{L} \otimes \mathcal{O}(-mp)$ とについて，前段により，

$$\deg(\mathcal{F}_1 \otimes \mathcal{L}_1) = \deg \mathcal{F}_1 + \deg \mathcal{L}_1$$

を得る．すなわち，

$$\deg(\mathcal{F} \otimes \mathcal{L}) = \deg(\mathcal{F} \otimes \mathcal{O}(mp)) + \deg(\mathcal{L} \otimes \mathcal{O}(-mp)).$$

一方，$\mathscr{L}$ と $\mathscr{O}(-mp)$ は可逆層だから，$\deg(\mathscr{L}\otimes\mathscr{O}(-mp))=\deg\mathscr{L}-m$. そして $\mathscr{L}=\mathscr{O}$ とおくと，上式は

$$\deg\mathscr{F}=\deg(\mathscr{F}\otimes\mathscr{O}(mp))-m$$

となる．結局

$$\begin{aligned}\deg(\mathscr{F}\otimes\mathscr{L})&=\deg(\mathscr{F}\otimes\mathscr{O}(mp))+\deg\mathscr{L}-m\\&=\deg\mathscr{F}+m+\deg\mathscr{L}-m=\deg\mathscr{F}+\deg\mathscr{L}\end{aligned}$$

を得た．▌

d) さて，$H^0(C,\mathscr{F})\neq 0$ のとき，c) の (*) が成り立つから，

$$\deg\mathscr{F}=\chi(\mathscr{F})-\chi_C=\chi(\mathscr{T})=\dim H^0(C,\mathscr{T})\geqq 0.$$

$\mathscr{T}$ は0次元層なので，$\operatorname{Supp}\mathscr{T}\neq\phi$ ならば $\deg\mathscr{F}=\dim H^0(\mathscr{T})>0$. $\operatorname{Supp}\mathscr{T}=\phi$ は $\mathscr{T}=0$, すなわち $\mathscr{F}=\mathscr{O}$ を意味する．ゆえに，つぎの補題を得る．

補題 2.8 $H^0(C,\mathscr{F})\neq 0$ ならば $\deg\mathscr{F}\geqq 0$.

さらに $\deg\mathscr{F}=0$ ならば，$\mathscr{F}=\mathscr{O}_C$ になる．——

このように，非特異曲線と同様の結論が成立したので，類似の系もかなり自然にでてくる．

SII_C を $\mathscr{F}=\mathscr{O}$ として用いると，つぎの系を得る．

系 1 $\pi=\dim H^1(C,\mathscr{O})=\dim H^0(C,\omega_C)$. ——

$\mathscr{F}=\omega_C$ として，Riemann-Roch の公式を用いると，

$$\dim H^0(C,\omega_C)-\dim\operatorname{Hom}(\omega_C,\omega_C)=1-\pi+\deg\omega_C.$$

以下の補題 2.9 (iii) にみるように，準因子 $\mathscr{F}$ について $\dim\operatorname{Hom}(\mathscr{F},\mathscr{F})=1$ なので，つぎの系を得る．

系 2 $\deg\omega_C=2\pi-2$. ——

補題 2.9 $\mathscr{F},\mathscr{H}$ を準因子とする．$0\neq\varphi\in\operatorname{Hom}(\mathscr{F},\mathscr{H})$ をとる．すると，

(i) $\operatorname{Ker}\varphi=0$, $\deg\mathscr{H}\geqq\deg\mathscr{F}$, $\dim H^1(\mathscr{F})\geqq\dim H^1(\mathscr{H})$,

(ii) さらに，$\deg\mathscr{H}=\deg\mathscr{F}$ の成立するとき φ は同型，

(iii) $\operatorname{Hom}(\mathscr{F},\mathscr{F})=k$.

証明 $0\longrightarrow\operatorname{Ker}\varphi\longrightarrow\mathscr{F}\xrightarrow{\varphi}\mathscr{H}$ (完全)

を得るから，準因子の定義により，$\operatorname{Ker}\varphi=0$. こんどは

$$0\longrightarrow\mathscr{F}\xrightarrow{\varphi}\mathscr{H}\longrightarrow\operatorname{Coker}\varphi\longrightarrow 0\quad(\text{完全})$$

を考える．すると，Coker φ は 0 次元の層．よって，

$$\deg \mathscr{H} - \deg \mathscr{F} = \chi(\mathscr{H}) - \chi(\mathscr{F}) = \dim H^0(\mathrm{Coker}\,\varphi) \geqq 0.$$

一方，

$$H^1(\mathscr{F}) \longrightarrow H^1(\mathscr{H}) \longrightarrow H^1(\mathrm{Coker}\,\varphi) = 0 \quad (\text{完全}).$$

かくして，(i) が示された．(ii) をみよう．$\deg \mathscr{H} = \deg \mathscr{F}$ ならば，$H^0(\mathrm{Coker}\,\varphi) = 0$．よって $\mathrm{Coker}\,\varphi = 0$ である．

したがって，とくに $\mathscr{F} = \mathscr{H}$ のとき，$\varphi \in \mathrm{Hom}(\mathscr{F}, \mathscr{F})$ が 0 でないならば，φ は同型．よって，$\mathrm{Hom}(\mathscr{F}, \mathscr{F})$ は零因子のない k 多元環である．一方，或る開集合 $U \subset \mathrm{Reg}\, C$ をとると，$\mathscr{F} | U \simeq \mathscr{O}_U$．そして

$$\mathrm{Hom}(\mathscr{F}, \mathscr{F}) \longrightarrow \mathrm{Hom}(\mathscr{F}|U, \mathscr{F}|U) \simeq \Gamma(\mathscr{O}_U)$$

は単射．ゆえに $\mathrm{Hom}(\mathscr{F}, \mathscr{F})$ は可換であり，そして，

$$\mathrm{Hom}(\mathscr{F}, \mathscr{F}) = H^0(C, \mathscr{H}\mathit{om}(\mathscr{F}, \mathscr{F}))$$

は k 上有限次元のベクトル空間．かくて，$\mathrm{Hom}(\mathscr{F}, \mathscr{F})$ は k の有限代数拡大体となった．k は閉体だから，$\mathrm{Hom}(\mathscr{F}, \mathscr{F}) = k$. ∎

e) 消失定理がつぎの形で成立する．

定理 2.7 $\mathscr{F}$ を $\deg \mathscr{F} \geqq 2\pi - 1$ の準因子とする．このとき，

$$H^1(C, \mathscr{F}) = 0.$$

証明
$$\dim H^1(C, \mathscr{F}) = \dim \mathrm{Hom}(\mathscr{F}, \omega_C)$$

により，$\mathrm{Hom}(\mathscr{F}, \omega_C) \neq 0$ とすると，補題 2.9 によって，$\deg \mathscr{F} \leqq \deg \omega_C = 2\pi - 2$ となってしまう．∎

系 さらに $\deg \mathscr{F} \geqq 2\pi$ とし，p を非特異点とする．このとき，

$$\dim H^0(\mathscr{F} \otimes \mathscr{O}(-p)) + 1 = \dim H^0(\mathscr{F}).$$

証明 $\deg(\mathscr{F} \otimes \mathscr{O}(-p)) = \deg \mathscr{F} - 1$ に上の定理を用いればよい．∎

この続きは §3.22 で論じられる．

問　題

1 $K^0(A) = A$, $K^1(A) = A^r$, $K^2(A) = \bigwedge^2 K^1(A)$, $\cdots$, $K^{r-1}(A) = \bigwedge^{r-1} A^r$, $K^r(A) = A$ とおく．$K^{\cdot}(A) = \bigoplus K^i(A)$ を A 次数環とみて，A 準同型 $d: K^{\cdot}(A) \to K^{\cdot}(A)$ をつぎの条件で定義する．A^r の底を $u_1, \cdots, u_r$ と書き，$(a_1, \cdots, a_r)$ を A の元より定め $F = a_1u_1 + \cdots + a_ru_r \in K^1(A)$ とおく．また $K^0(A) = Ae$ と底を書いておく．

(i) $de=F$,

(ii) $du_i=u_i\wedge F$,

(iii) $w\in K^i(A)$, $v\in K^j(A)$ に対して,

$$d(w\wedge v)=dw\wedge v+(-1)^i w\wedge dv.$$

このとき $d^2=0$ を示せ.

2 さらに M を A 加群とする. $K^i(a\,;M)=K^i(A)\otimes_A M$, $d\otimes 1_M$ をまた d と書く. $(K^{\cdot}(a\,;M),d)$ を複体とみる. $(a_1,\cdots,a_r)$ が M 正則列のとき, $i\neq r$ ならば

$$H^i(K^{\cdot}(a\,;M))=0.$$

3 M',M,M'' を A 加群とするとき, つぎの完全系列ができる.

$$0\longrightarrow K^{\cdot}(a\,;M')\longrightarrow K^{\cdot}(a\,;M)\longrightarrow K^{\cdot}(a\,;M'')\longrightarrow 0,$$

さらに, $H^i(a\,;M)=H^i(K^{\cdot}(a\,;M))$ とおくとき,

$$\begin{aligned}&\longrightarrow H^i(a\,;M')\longrightarrow H^i(a\,;M)\longrightarrow H^i(a\,;M'')\\&\longrightarrow H^{i+1}(a\,;M')\longrightarrow H^{i+1}(a\,;M)\longrightarrow H^{i+1}(a\,;M'')\\&\longrightarrow\cdots\cdots.\end{aligned}$$

4 A を局所 Noether 環, $\mathfrak{m}$ をその極大イデアルとする. M を有限生成 A 加群, L_0, $L_1,L_2,\cdots$ は有限生成 A 自由加群をさすものとしよう.

(i) M の $L.$ による分解

$$0\longleftarrow M\overset{\varepsilon}{\longleftarrow}L_0\overset{d}{\longleftarrow}L_1\overset{d}{\longleftarrow}L_2\longleftarrow\cdots$$

があるとき, $d\otimes k:\bar{L}_i\to\bar{L}_{i-1}$ が 0 になる必要十分条件は, $L.$ が M の極小分解 (第1章 29 ページ) になることである. ただし k は A の $\mathfrak{m}$ による剰余体, $\bar{L}_i=L_i\otimes k$ とした.

(ii) $L.$ を M の極小分解とするとき,

$$\mathrm{Tor}_i(M,k)\simeq H_i(\bar{L}.)\simeq\bar{L}_i$$

が成立する.

(iii) $\dim\mathrm{Tor}_i(k,k)\geqq\binom{u}{i}$. ここに $u=\dim(\mathfrak{m}/\mathfrak{m}^2)$.

5 A を正則 (Noether) 環とする. $A[T]$ を T を変数とする A 上の多項式環としよう. すると,

(i) $A[T]$ は正則環.

(ii) $\mathrm{gl.\,hd}(A[T])=\mathrm{gl.\,hd}(A)+1$.

(iii) N を A 加群とするとき, $N[T]=N\otimes A[T]$ は $A[T]$ 加群である. この記法を用いると,

$$\mathrm{proj.\,dim}_{A[T]}N[T]\leqq\mathrm{proj.\,dim}_A N.$$

(iv) M を $A[T]$ 加群とするとき, つぎの系列は完全である.

$$0\longrightarrow M[T]\overset{\beta}{\longrightarrow}M[T]\overset{\alpha}{\longrightarrow}M\longrightarrow 0,$$

ここに, $x_i\in M$ として,

$$\beta(\sum T^i\otimes x_i)=\sum T^{i+1}\otimes x_i-\sum T^i\otimes Tx_i,$$

$$\alpha(\sum T^i \otimes x_i) = \sum T^i x_i.$$

6 k を体とするとき，$k[T_1, \cdots, T_n]$ は正則環である.

7 M を A 加群，$a_1, \cdots, a_r \in A$ をとり，$I = \sum a_j A$ とおく．このとき，つぎの標準的な準同型を構成せよ.

$$\varphi_i : \mathrm{Ext}_A{}^i(A/I, M) \longrightarrow H_{r-i}(a, M),$$

$$\psi_j : H_j(a, M) \longrightarrow \mathrm{Tor}_j{}^A(A/I, M).$$

8 V を n 次元の完備非特異代数多様体とし，S を V 上の素因子とする．$K(S) = (K(V)+S)|S$ とおくと，S の ω_S に応じる因子となる．さて，つぎのことが成立する.

(i) $\dim H^{n-1}(S, \mathcal{O}) = \dim H^0(K(S)) = \dim H^0(S, \omega_S)$.

(ii) $m \geqq 1$ に対して，

$$P_m(S) \leqq \dim H^0(mK(S))$$

(右辺を $\Pi_m(S)$ で示し，S の m 算術種数という).

9 上記と同じ条件下で，S の特異 m 種数 $P_m{}^\sharp(S)$ を $\bar{P}_m(\mathrm{Reg}\, S)$ で示すとき，

$$P_m{}^\sharp(S) \leqq \Pi_m(S)$$

が成立するか.

第3章　偏極多様体の構造(藤田の理論)

§3.1　Snapper 多項式と断面種数

a)　V を n 次元完備代数多様体とし，D をその上の Cartier 因子とするとき，(V, D) を短く**準偏極多様体**とよんだ (III, §10.15)．その Snapper (または Hilbert) 多項式

$$\chi_V(tD) = \sum(-1)^j \dim H^j(V, \mathcal{O}(tD)) \qquad (t \in \boldsymbol{Z} \text{ に対して})$$

をつぎの形に展開する：

$$\chi_V(tD) = \sum \chi_j(V, D)\frac{t^{[j]}}{j!}.$$

ここに $t^{[j]}=t(t+1)\cdots(t+j-1)$ とした．$t^{[j]}/j!$ は差分法で重要な役をし，つぎの性質をもつ：$\delta_t\varphi(t)=\varphi(t)-\varphi(t-1)$ とおくとき，

$$\delta_t\frac{t^{[j]}}{j!} = \frac{t^{[j]}}{j!}-\frac{(t-1)^{[j]}}{j!} = \frac{t^{[j-1]}}{(j-1)!}.$$

b)　もしも，D が既約ならば，$D_1=D\,|\,D$ と書くとき，

$$0 \longrightarrow \mathcal{O}((t-1)D) \longrightarrow \mathcal{O}(tD) \longrightarrow \mathcal{O}(tD_1) \longrightarrow 0 \quad (\text{完全})$$

を得るから，

$$\chi_V(tD) = \chi_V((t-1)D) + \chi_D(tD_1)$$

となる．δ_t を用いると，

$$\delta_t\chi_V(tD) = \chi_D(tD_1)$$

と書きかえられる．そこで

$$\begin{aligned}\delta_t\chi_V(tD) &= \delta_t\sum \chi_j(V, D)\frac{t^{[j]}}{j!} \\ &= \sum \chi_j(V, D)\,\delta_t\frac{t^{[j]}}{j!} = \sum \chi_j(V, D)\frac{t^{[j-1]}}{(j-1)!}\end{aligned}$$

を用いて，つぎの公式を得る．

公式 3.1　　$\chi_j(V, D) = \chi_{j-1}(D, D_1).$　——

とくに，$j=n=\dim V=\dim D+1$ のとき，$\chi_n(V, D)=D^n$ であるから，上式は，

$$D^n = (D, \cdots, D)_V = (D_1, \cdots, D_1)_D = D_1^{n-1}$$

という，II，§8.11，b）の式と一致するわけである．

c）さらに，一般の準偏極多様体 (V, D) に対して，

$$g(V, D) = 1-\chi_{n-1}(V, D)$$

とおき，(V, D) の**断面種数**とよぶことにしよう．$n=1$ のとき，

$$g(V, D) = 1-\chi_0(V, D) = 1-1+\dim H^1(V, \mathcal{O})$$
$$= \dim H^1(V, \mathcal{O}) = \pi(V)$$

であり D に依存しない．さらに V が非特異ならば，$g(V, D)$ は V の種数自身になっている．$n=2$，かつ $|D|$ の元に既約部分多様体 D をとれるとき，D は代数曲線であって，$g(V, D)=g(D, 0)=\dim H^1(D, \mathcal{O})$ である．すなわち，$g(V, D)$ は V の切口として得られる曲線 D の種数であり，断面種数という感じが理解される．一般にも，III，定理10.1（Riemann-Roch の定理の弱形）によると，V が非特異のとき，

$$\chi_V(tD) = \frac{D^n}{n!}t^n - \frac{(D^{n-1}, K(V))}{2\cdot(n-1)!}t^{n-1} + O(t^{n-2})$$
$$= \frac{D^n}{n!}t^{[n]} - \frac{(D^{n-1}, K(V)) + (n-1)D^n}{2\cdot(n-1)!}t^{[n-1]} + O(t^{n-2}).$$

これによって，つぎの公式を得る．

公式 3.2
$$\begin{cases} 2g(V, D)-2 = (D^{n-1}, K(V)) + (n-1)D^n, \\ g(V, D) = 1-\chi_{n-1}(V, D) = 1-\chi_{n-2}(D, D_1) = g(D, D_1). \end{cases}$$

§3.2　Δ 種数

a）さて，藤田に従い，(V, D) の Δ 種数（または total deficiency という）$\Delta(V, D)$ をつぎの式で定義しよう：

$$\Delta(V, D) = \dim V + D^n - \dim H^0(V, \mathcal{O}(D)).$$

b）**例 3.1**　$V=\boldsymbol{P}^1$，D を $\deg D>0$ の因子とすると，$l(D)=1+\deg D$ だから，$\Delta(V, D)=0$.

例 3.2　$V=\boldsymbol{P}^2$，$D=mH$（H は $\boldsymbol{P}^2$ の直線因子）とおけば，$l(mH)=(m+1)(m+2)/2$ であって

$$\Delta(\boldsymbol{P}^2, mH) = (m-1)(m-2)/2.$$

よって $m=1,2$ に限って $\Delta(\boldsymbol{P}^2, mH)=0$ である．さらに $n\geqq 3$ について，

$$\Delta(\boldsymbol{P}^n, mH) = n+m^n-\frac{(m+1)(m+2)\cdots(m+n)}{n!} \geqq 0.$$

よって $\Delta(\boldsymbol{P}^n, mH)=0$ は $m=1$ のときに限る．さらに $\Delta(\boldsymbol{P}^2, 3H)=1$ である．これ以外の $\Delta(\boldsymbol{P}^n, mH)$ は 1 にならない．

例 3.3 Q^n を $\boldsymbol{P}^{n+1}$ 内の非特異 2 次超曲面とし，H を Q の $\boldsymbol{P}^{n+1}$ 内の超平面による切断因子とする．$H^n=2$ だから，

$$\Delta(Q^n, mH) = n+2m^n-\frac{(m+1)(m+2)\cdots(m+n+1)}{(n+1)!}+\frac{(m-1)\cdots(m+n-1)}{(n+1)!}.$$

$n=1$ とおくと

$$\Delta(Q^1, mH) = 1+2m-\frac{(m+1)(m+2)}{2}+\frac{(m-1)m}{2} = 0.$$

このとき $Q^1\simeq\boldsymbol{P}^1$ で mH は次数 $2m$ の $\boldsymbol{P}^1$ 上の因子だから，例 3.1 の結果に含まれる．$n=2$ のときは

$$\Delta(Q^2, mH) = (m-1)^2.$$

よって，$\Delta(Q^2, mH)=0$ は $m=1$ に限り，$\Delta(Q^2, mH)=1$ は $m=2$ を意味する．一般にも，$m=1$ のとき，

$$\Delta(Q^n, H) = n+2-\frac{2\cdot 3\cdot\cdots\cdot(n+2)}{(n+1)!} = 0.$$

c) 以上により，D を V 上のアンプル因子として，$\Delta(V, D)=0$ となる (V, D) の例をあげると，つぎのようになる：

$n=1$ のとき $V=\boldsymbol{P}^1$, $D=p$, $2p$, $3p$, $\cdots$ (p は点),

$n=2$ のとき $V=\boldsymbol{P}^2$, $D=H$, $2H$ または $V=Q^2$, $D=H$,

$n\geqq 3$ のとき $V=\boldsymbol{P}^n$, $D=H$ または $V=Q^n$, $D=H$.

すなわち，3 次元以上の例はむしろ少なくみえるが，積極的に作るいま一つの方法がある．

d) $\boldsymbol{P}^1$ の基本層を $\mathcal{O}(1)$ とし，$a_1>0, \cdots, a_r>0$ なる正整数をとり，$\mathcal{F}=\mathcal{O}(a_1)\oplus\cdots\oplus\mathcal{O}(a_r)$ と階数 r のベクトル束（の層）を定義する．$\mathcal{F}$ を射影化して $V=\boldsymbol{P}(\mathcal{F})$ をつくると，自然な射影写像 (projection) $\pi: V=\boldsymbol{P}(\mathcal{F})\to\boldsymbol{P}^1$ ができる．π についての V の基本層を $\mathcal{O}_V(1)$ と書くと，$\pi_*\mathcal{O}_V(1)=\mathcal{F}$ として $\mathcal{F}$ が再現できる．$\mathcal{F}$ はアンプル束になり，$\mathcal{O}_V(1)$ はアンプル因子である．そこで，

$$l(\mathcal{O}_V(1)) = l(\pi_*\mathcal{O}_V(1)) = l(\mathcal{F}) = \sum l(a_j p) = \sum (a_j+1) = \sum a_j + r$$

および，r 個の $\mathcal{O}_V(1)$ の交点数 $(\mathcal{O}_V(1))^r = \sum a_j$ に注意すると，

$$\Delta(V, \mathcal{O}_V(1)) = r-1+1+\sum a_j - (\sum a_j + r) = 0$$

がわかる．

さて，上で用いたつぎの公式を証明しておこう．

公式 3.3　$$(\mathcal{O}_V(1))^r = \sum a_j.$$

証明　$m>0$ に対し，直像 $\pi_*(\mathcal{O}_V(m))$ は $\mathcal{F}$ の m 次対称積 $S^m(\mathcal{F})$ になるから，

$$S^m(\mathcal{O}(a_1)\oplus\cdots\oplus\mathcal{O}(a_r)) = \mathcal{O}(ma_1)\oplus\mathcal{O}((m-1)a_1+a_2)$$
$$\oplus\mathcal{O}((m-2)a_1+a_2+a_3)\oplus\cdots\oplus\mathcal{O}(ma_r)$$

に注意して，

$$\begin{aligned}\chi_V(\mathcal{O}_V(m)) &= l(\mathcal{O}_V(m))\\ &= (ma_1+1)+((m-1)a_1+a_2+1)+((m-2)a_1+a_2+a_3+1)+\cdots\\ &= \cdots\cdots\\ &= \frac{m^r}{r!}(a_1+\cdots+a_r)+\mathcal{O}(m^{r-1}).\end{aligned}$$

よって，$(\mathcal{O}_V(1))^r = \sum a_j$. ∎

とくに，$a_1=\cdots=a_r=a>0$ とおく．すると，$\mathcal{F}=\mathcal{O}(a)\oplus\cdots\oplus\mathcal{O}(a)$ であり，$V=\boldsymbol{P}(\mathcal{F})=\boldsymbol{P}^{r-1}\times\boldsymbol{P}^1$．そして，$\mathcal{O}_V(1)=\mathcal{O}_{\boldsymbol{P}}(1)\boxtimes\mathcal{O}_{\boldsymbol{P}}(a)$ (左の $\boldsymbol{P}$ は $\boldsymbol{P}^{r-1}$，右の $\boldsymbol{P}$ は $\boldsymbol{P}^1$ を示す)．$a=1$ のときの $\mathcal{O}_V(1)$ による V の射影埋入は，$\boldsymbol{P}^{r-1}\times\boldsymbol{P}^1$ の Segre 埋入 $\zeta: \boldsymbol{P}^{r-1}\times\boldsymbol{P}^1\subset\boldsymbol{P}^{2r-1}$ と一致する (I，§3.8, b))．

§3.3　Δ 不等式

a)　(V, D) を偏極多様体とするとき，つぎの不等式が成り立つ．

定理 3.1　$$\dim \mathrm{Bs}\,|D| < \Delta(V, D).$$

証明　(1)　はじめに V を正規としてよいことをみる．$\lambda: V'\to V$ を正規化とすると $(\lambda^*D)^n = D^n$ となる．これを示すために，完全系列

$$0\longrightarrow\mathcal{O}_V\longrightarrow\mathcal{O}_V'\longrightarrow\mathcal{O}_V'/\mathcal{O}_V\longrightarrow 0$$

を用いる．$\mathcal{O}_V'$ は $\mathcal{O}_V$ の正規化層であり $\lambda_*\mathcal{O}_{V'}$ と同じである．$\mathrm{Supp}(\mathcal{O}_V'/\mathcal{O}_V)=V-\mathrm{Nm}(V)=\{V$ の非正規点$\}$ は $n-1$ 次元以下の閉集合になる (I，§2.8, b))．さらに，D がアンプルだから，λ^*D もアンプルであり，$m\gg 0$ ならば，II，定理

7.8により，$\chi(mD)=\dim H^0(mD)$，$\chi(m\lambda^*D)=\dim H^0(m\lambda^*D)$．ゆえに，

$$\dim H^0(m\lambda^*D)=\dim H^0(m\lambda_*\lambda^*D)=\dim H^0(\mathcal{O}(mD)\otimes\mathcal{O}_{V'})$$

を得る．さらに完全系列

$$0\longrightarrow\mathcal{O}_V(mD)\longrightarrow\mathcal{O}_{V'}\otimes\mathcal{O}(mD)\longrightarrow\mathcal{O}_{V'}/\mathcal{O}_V\otimes\mathcal{O}(mD)\longrightarrow 0$$

によって，$\dim \mathrm{Supp}\,(\mathcal{O}_{V'}/\mathcal{O}_V)\leqq n-1$ に注意すると，

$$\dim H^0(m\lambda^*D)-\dim H^0(mD)\leqq\dim H^0(\mathcal{O}_{V'}/\mathcal{O}_V\otimes\mathcal{O}(mD))=O(m^{n-1}).$$

したがって，$\chi(mD)$ と $\chi(m\lambda^*D)$ の m^n の係数は一致するから，$D^n=(\lambda^*D)^n$.

さて，$\dim H^0(\lambda^*D)\geqq\dim H^0(D)$ になるから，

$$\varDelta(V',\lambda^*D)\leqq\varDelta(V,D)$$

となる．ただし $\mathrm{Bs}\,|\lambda^*D|$ と $\mathrm{Bs}\,|D|$ の関係は微妙だから，V' について定理3.1を証明すれば事足りるわけではない．むしろ，定理3.1を少し一般化し，1次系 $\varLambda'=\{\lambda^*\tilde{D}\,;\tilde{D}\in|D|\}$ について論じる方がよい．すなわち，

(2)　V 上の1次系 $\varLambda$ をとり，$\deg\varLambda=D^n$ $(D\in\varLambda)$ とおくとき，

$$\varDelta(V,\varLambda)=n+\deg\varLambda-(\dim\varLambda+1)$$

と $(V,\varLambda)$ の $\varDelta$ を定義する．もちろん $\varDelta(V,|D|)=\varDelta(V,D)$ である．

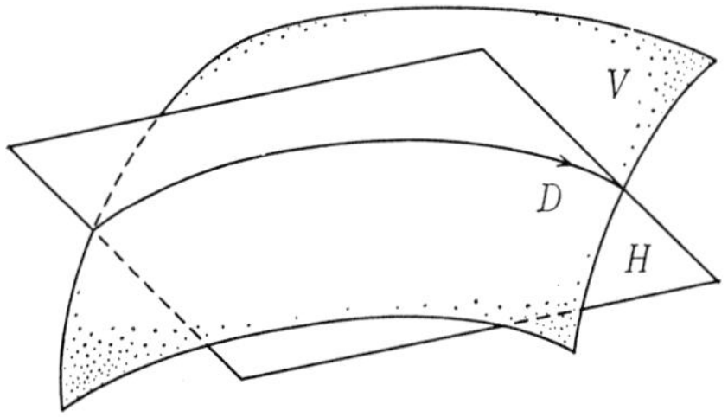

図 3.1

定理 3.1′　$\varLambda$ の元にアンプル因子があれば，

$$\dim \mathrm{Bs}\,\varLambda<\varDelta(V,\varLambda).$$ ──

この証明は定理3.1に帰着される．なぜならば $D\in\varLambda$ をとるとき，$\varDelta(V,\varLambda)-\varDelta(V,|D|)=\dim|D|-\dim\varLambda$ であり，$s=\dim \mathrm{Bs}\,\varLambda-\dim \mathrm{Bs}\,|D|$ とおくと，$\dim \mathrm{Bs}\,|D|=\dim \mathrm{Bs}\,\varLambda-s$ だから，$\mathrm{Bs}\,|D|$ を $\mathrm{Bs}\,\varLambda$ から得るには少なくとも，s 個の1次独立な元 $D_1,\cdots,D_s\in|D|-\varLambda$ で $\mathrm{Bs}\,\varLambda$ を切らねばならない．よって，$\dim|D|-\dim\varLambda\geqq s$．これにより，

$$\dim \mathrm{Bs}\, \Lambda - \dim \mathrm{Bs}\, |D| \leqq \Delta(V, \Lambda) - \Delta(V, D).$$

書き直して，

$$\dim \mathrm{Bs}\, \Lambda - \Delta(V, \Lambda) \leqq \dim \mathrm{Bs}\, |D| - \Delta(V, D).$$

よって，右辺<0を示しさえすればよい．

(3)　さて，(1)の条件に戻り，$\Lambda' = \{\lambda^* \tilde{D}\,;\, \tilde{D} \in |D|\}$ とおくと，$\lambda^{-1} \mathrm{Bs}\, |D| = \mathrm{Bs}\, \Lambda'$ であって λ は有限正則写像なのだから，$\dim \mathrm{Bs}\, \Lambda' = \dim \mathrm{Bs}\, |D|$．そして，$\tilde{D}$ がアンプルならば $\lambda^* \tilde{D} \in \Lambda'$ もアンプル．かくして，

$$\dim \mathrm{Bs}\, \Lambda' - \Delta(V', \Lambda') = \dim \mathrm{Bs}\, |D| - \Delta(V, D).$$

V' と Λ' とについて Δ 不等式を示すためには，(2)によって完備1次系で論じればよい．

(4)　$n=1$ で V を正規とする．この場合，D がアンプルということは $\deg D > 0$ ということである．

（i）　$\deg D = 1$，$l(D) = 0$ のとき，$|D| = \phi$ で，V の点はすべて $H^0(D) = 0$ の元の零点．よって $\mathrm{Bs}\, |D| = V$ と考える．かくして，

$$\Delta(V, D) = 1 + 1 - 0 = 2 > \dim \mathrm{Bs}\, |D| = 1.$$

（ii）　$\deg D = 1$，$l(D) = 1$ のとき，$|D| = \{p\}$ であって，$\mathrm{Bs}\, |p| = p$．よって，

$$\Delta(V, D) = 1 + 1 - 1 = 1 > \dim \mathrm{Bs}\, |p| = 0.$$

（iii）　$\deg D \geqq 2$ のとき，$D = p + D_1$ と書けて $\deg D_1 > 0$．さて，II，定理6.3の証明を再録すると，

$$p \in \mathrm{Bs}\, |D| \quad \text{ならば} \quad \Delta(V, D) = \Delta(V, D_1) + 1,$$

$$p \notin \mathrm{Bs}\, |D| \quad \text{ならば} \quad \Delta(V, D) = \Delta(V, D_1).$$

かくして，$\Delta(V, D) \geqq 0$ が一般に示され（II，165ページ），$\mathrm{Bs}\, |D| \neq \phi$ のとき，$\Delta(V, D) \geqq 1$ である．

よって，$\Delta(V, D) > \dim \mathrm{Bs}\, |D|$ が示された．

(5)　$n \geqq 2$ のとき，n についての帰納法で示す．(4)と同様に，いろいろの場合にわけて論じていこう．

（i）　$l(D) = 0$ の場合，$|D| = \phi$ だから $\mathrm{Bs}\, |D| = V$．よって，

$$\Delta(V, D) = n + D^n - 0 > n.$$

一方，$\dim \mathrm{Bs}\, |D| = \dim V = n$ に注意すると，

$$\Delta(V, D) > \dim \mathrm{Bs}\, |D|.$$

(ii) $l(D)\geqq 1$ の場合，$|D|$ に付属した有理写像 Φ_D の不確定点除去正規モデル (Z,μ) を考える（I，95 ページ）．μ^*D の固定部分（I，85 ページ）を E と書くと，$|\mu^*D-E|$ は底点をもたない．$D'=\mu^*D-E$ に付属した有理写像は正則写像である．それを ρ と書こう．また $W=\rho(Z)$ と記す．さらに $\mu(E)=\mathrm{Bs}\,|D|$ も明らかである．H を ρ によってきまる超平面切断因子とすると，$\rho^*H=D'$ になる（図式 3.1）．

$$\begin{array}{ccccc} & & G & \longrightarrow & S=\mu(G) \\ & & \cap & & \cap \\ D' & \subset & Z & \xrightarrow[\mu]{} & V\supset D \\ & & \Big\downarrow{\scriptstyle\rho} & & \\ H & \subset & W & & \end{array}$$

図式 3.1

(甲) $\dim W=0$ のとき，いいかえると $l(D)=1$ であって，

$$\Delta(V,D)=n+D^n-1>n-1=\dim E=\dim \mathrm{Bs}\,|D|.$$

ここで，$E\in|D|$ とした．

(乙) $\dim W=1$ のとき，一般の点 $w\in W$ をとり $X=\rho^{-1}(w)$ とおく．さて，(W,H) に対し，$\Delta(W,H)\geqq 0$ は (4) で確認されたから，これを基礎に使おう．$l(H)=l(\rho^*H)=l(D)$ に注意すると，

$$\Delta(W,H)=1+\deg H-l(H)=1+\deg H-l(D)\geqq 0.$$

さらに，

$$\begin{aligned}\Delta(V,D)&=n+D^n-l(D)\geqq n+\deg H-l(H)\\ &=n-1+\Delta(W,H)\geqq n-1>n-2\geqq \dim \mathrm{Bs}\,|D|.\end{aligned}$$

(丙) $\dim W\geqq 2$ のとき，Bertini の定理（II，§7.20）によって，$|D'|$ の一般の元 G は既約．$S=\mu(G)$，$E_1=\mu(E)$ と書くと，S は $|D|_{\mathrm{red}}=|D-E_1|$ の一般の元だから素因子である．さて

$$\Lambda_S=\{\tilde{D}\,|\,S\,;\tilde{D}\text{ は }|D|\text{ の元}\}$$

とおく．$\dim\Lambda_S=\dim|D|-1$．そして，$\mathrm{Bs}\,\Lambda_S=\mathrm{Bs}\,|D|\cap S$．

そこで，(S,Λ_S) について帰納法の仮定を用いて，

$$\Delta(S,\Lambda_S)=n-1+(D\,|\,S)^{n-1}-\dim\Lambda_S-1>\dim\mathrm{Bs}\,\Lambda_S.$$

一方，

$$D^n=(D^{n-1},D)=(D^{n-1},E_1+S)=(D^{n-1},E_1)+(D\,|\,S)^{n-1}.$$

さて，(乙) のときと同様に，$E_1\neq\phi$ ならば，$(D^{n-1},E_1)>0$．それゆえ，

$$\dim E_1=\dim \mathrm{Bs}\,|D|=n-1 \quad のとき \quad \mathrm{Bs}\,\Lambda_S=(E_1\cap S)\cup\cdots.$$

かつ $E_1\cap S\neq\phi$ だから $\dim \mathrm{Bs}\,\Lambda_S=n-2$. なぜならつぎの補題が成り立つからである.

補題 3.1　D をアンプル因子とする. $|D|$ の元はすべて連結である.

証明　$H^0(D)$ の底を $\varphi_0,\cdots,\varphi_{l-1}$ とし, II, §7.20, a) のように,

$$Z(|D|)=\{(p,\lambda)\in V\times \boldsymbol{P}^{l-1}\,;\textstyle\sum \lambda_j\varphi_j(p)=0\}$$

とおく. $Z(|D|)\subset V\times\boldsymbol{P}^{l-1}$ に, 射影 $V\times\boldsymbol{P}^{l-1}\to\boldsymbol{P}^{l-1}$ を合成して $\pi:Z(|D|)\to\boldsymbol{P}^{l-1}$ とおくと, $\pi^{-1}(\lambda)=((\sum\lambda_j\varphi_j)\times(\lambda))$. さて, $D_1+D_2\in|D|$ をとり, $D_1\cap D_2\neq\phi$ をいう. 一般に, $|D|$ に固定成分のあるとき, $Z(|D|)$ は可約になる. そこで $m\gg0$ をとり mD を超平面切断因子にとると, $Z(|mD|)$ は $n+l-2$ 次元代数多様体. このとき $a\in\boldsymbol{P}^{l-1}$ を選ぶと, $\pi^{-1}(a)=D_1\cup D_2$ にできる. 一般の $\lambda\in\boldsymbol{P}^{l-1}$ について $\pi^{-1}(\lambda)$ は既約因子だから, 連結性原理 (I, §2.28, d)) により, D_1+D_2 も連結である. ▮

そこで, (丙) の証明を続けよう.

$$\begin{aligned}\Delta(V,D)&=n+D^n-l(D)\geqq n-1+(D\,|\,S)^{n-1}-\dim\Lambda_S-1\\&=\Delta(S,\Lambda_S)>\dim\mathrm{Bs}\,\Lambda_S=n-2.\end{aligned}$$

これにより, 求める不等式を得る. つぎに $E_1=\phi$ のときを考えよう. $S\in|D|$ だから $(D\,|\,S)^{n-1}=D^n$. さらに $\mathrm{Bs}\,\Lambda_S=\mathrm{Bs}\,|D|$. よって,

$$\begin{aligned}\Delta(S,\Lambda_S)&=n-1+D^n-\dim\Lambda_S-1=\Delta(V,D)\\&>\dim\mathrm{Bs}\,\Lambda_S=\dim\mathrm{Bs}\,|D|.\end{aligned}$$ ▮

b) 定理 3.1 で, アンプルを仮定したがこれはもちろん必要である. たとえば, C_1, C_2 を完備非特異代数曲線とし, $\mathfrak{d}$ を C_2 上の正因子(すなわち, このとき $\mathfrak{d}$ はアンプル因子)とする. $D=C_1\times\mathfrak{d}$ とおくと, $V=C_1\times C_2$ 上の正因子になる. $D^2=0$ であって,

$$\Delta(V,D)=2+0-l(D)=2-l(\mathfrak{d}).$$

よって, $l(\mathfrak{d})\geqq3$ に $\mathfrak{d}$ を選ぶと, $\Delta(V,D)<0$.

§3.4　射影空間の特徴づけ

a) **定理 3.2**　$\dim V=1$ とする. (V,D) を偏極多様体とし, $\Delta(V,D)=0$ を仮定すると, V は $\boldsymbol{P}^1$ となる.

証明 V が非特異のとき，これは II，165 ページに証明されている．V が特異曲線のとき，$\lambda: V'\to V$ を正規化とすると，V' は非特異で，$\dim|\lambda^*D|\geqq\dim|D|$．よって $\Delta(V',\lambda^*D)\leqq\Delta(V,D)=0$．一方，$\Delta(V',\lambda^*D)\geqq 0$ だから，$\Delta(V',\lambda^*D)=0$．よって $V'\simeq\boldsymbol{P}^1$．さらに，V' は非特異だから，$\Delta(V',\lambda^*D)=\Delta(V,D)$ $(=0)$ によって，$\dim|\lambda^*D|=\dim|D|$．よって，$|\lambda^*D|=\lambda^*|D|$．I，§2.19, c) によると，$\lambda^*D$ に付属する有理写像 Φ は $\Phi_D\cdot\lambda$ である．一方，λ^*D は超平面切断因子（なぜならば，$V'=\boldsymbol{P}^1$）だから，Φ は閉埋入．よって，λ は同型である．したがって $V'\simeq V$. ∎

b) 上の定理をそのまま一般化できないことは，§3.2 の例でみてきた通りである．しかし，次数条件を加えて，つぎの定理が成立する．

定理 3.3 (V,D) を n 次元偏極多様体とする．つぎの条件は互いに同値となる：

(i) $(V,D)\simeq(\boldsymbol{P}^n,H)$ （ここに H は $\boldsymbol{P}^n$ の超平面因子），

(ii) $D^n=1,\quad \Delta(V,D)=0$,

(iii) $D^n=1,\quad \mathrm{Bs}\,|D|=\phi$,

(iv) V は非特異で，$K(V)+(n+1)D\sim 0$,

(v) V は非特異で，$D^n=1,\quad g(V,D)\leqq 0$,

(vi) V は正規で，つぎの条件を満たす $|D|$ の元 V_1 がある：

$$(V_1, D\,|\,V_1)\simeq(\boldsymbol{P}^{n-1},H_1) \qquad (H_1 \text{ は } \boldsymbol{P}^{n-1} \text{ の超平面因子}).$$

証明 条件 (i) から (ii)-(vi) は直ちに導かれる．

Δ 不等式によると，$\dim\mathrm{Bs}\,|D|<\Delta(V,D)$．よって $\Delta(V,D)=0$ ならば $\mathrm{Bs}\,|D|=\phi$．したがって (ii) $\Longrightarrow$ (iii).

さて，(iii) を仮定しよう．すると，$\Phi_D: V\to\boldsymbol{P}^N$ $(N+1=\dim H^0(D))$ は正則写像．$\boldsymbol{P}^N$ の超平面因子を H と書き，$H_1=H\,|\,\Phi_D(V)$ と書くとき，$D=\Phi_D{}^*(H_1)$．D はアンプルであったから，II，284 ページの議論を用いると，Φ_D は有限正則写像になることがわかる．$1=D^n=\Phi_D{}^*(H_1)^n=H_1{}^n\deg\Phi_D$ によって，Φ_D は 1 対 1，$H_1{}^n=1$．よって Φ_D は双有理．そして，$\Phi_D(V)=\boldsymbol{P}^n$，$n=N$ が導かれる．I，定理 2.20 によると，$\Phi_D{}^{-1}:\boldsymbol{P}^n\to V$ は正則写像．したがって，$\Phi_D: V\to\boldsymbol{P}^n$ は同型であって $D=\Phi_D{}^*(H)$ である．いいかえると，$(V,D)\simeq(\boldsymbol{P}^n,H)$．かくして (iii) $\Longrightarrow$ (i) が示された．

つぎに(iv)を仮定する．Serreの双対律によって

$$H^p(tD)=H^{n-p}(K(V)-tD)=H^{n-p}(-(t+n+1)D).$$

一方，c)に記す補題3.2(小平の消失定理)によると，$n-p>0$，$\alpha>0$ に対して

$$H^{n-p}(K(V)+\alpha D)=0.$$

ゆえに，$n-p>0$，$t<0$ のとき，$H^p(tD)=0$．さらに，$K=K(V)$ と書けば，

$$H^p(tD)=H^p(-(n+1)D+(n+1+t)D)=H^p(K+(n+1+t)D)$$

と書き直せるから，$p>0$，$n+1+t>0$ のときも，$H^p(tD)=0$．とくに $t=0$ とおくと，$p>0$ のとき，$H^p(0D)=H^p(V,\mathcal{O}_V)=0$．かくして，$t=-1,-2,\cdots,-n$ のとき，すべての p について，$H^p(tD)=0$．よって，$\chi(tD)$ は $t=-1,-2,\cdots,-n$ で0になる．すなわち，n 次多項式 $\chi(tD)$ の根が求められたので，

$$\chi(tD)=\alpha\frac{(t+1)(t+2)\cdots(t+n)}{n!}$$

と，$\alpha\in\boldsymbol{Q}-(0)$ によって書かれる．もちろん $\alpha=D^n$ である．

$$\chi(0D)=\sum(-1)^j\dim H^j(V,\mathcal{O}_V)=1,$$

だから，

$$\chi(0)=\alpha\cdot\frac{n!}{n!}=1.$$

すなわち，$\alpha=1$．よって，$D^n=1$．かくして，$\Delta(V,D)=0$．これは(ii)である．

こんどは(v)を仮定しよう．Serreの双対律により，$H^p(-iD)=H^{n-p}(K+iD)$．$n-p>0$ ならば $i>0$ に対して，補題3.2により，右辺$=0$．$p=n$ に対しては，$H^n(-iD)=H^0(K+iD)$ になるから，もし $H^0(K+iD)\neq 0$ ならば，D がアンプルであったことを思い出すと，

$$(K+iD)D^{n-1}\geqq 0$$

を得る．一方，$g(V,D)\leqq 0$ により，$(K+(n-1)D)D^{n-1}\leqq -2$．$D^n=1$ を用いて，$(K+(n+1)D)D^{n-1}\leqq 0$．これにより，$i\leqq n$ ならば

$$(K+iD)D^{n-1}<(K+(n+1)D)D^{n-1}\leqq 0.$$

よって矛盾に到った．これにより，$1\leqq i\leqq n$ について，$H^p(-iD)=0$，すなわち，$\chi(-iD)=0$ が示された．さて $\chi(tD)$ は t の n 次式であり，$D^n=1$ によると，$\chi(tD)=(t+1)\cdots(t+n)/n!$ になる．$t=-n-1$ を入れると，

$$\chi(-(n+1)D)=(-1)^n.$$

一方,

$\chi(-(n+1)D) = (-1)^{n+1}\dim H^n(-(n+1)D) = (-1)^n \dim H^0(K+(n+1)D)$

によると, $|K+(n+1)D| \neq \phi$. 一方, $(K+(n+1)D)D^{n-1} \leqq 0$ であったから, $K+(n+1)D \sim 0$ が示された. これは (iv) である.

(vi) から (i) を証明することは, 以上のように容易でない. その上, 以下でこれを用いないから証明を省く. ▮

上記の証明で用いた補題をのべる.

c) **補題 3.2** (小平の消失定理)　V を n 次元の非特異完備代数多様体とし, D を V のアンプル因子とする. $p>0$ に対し, つねに

$$H^p(V, \mathcal{O}(K(V)+D)) = 0.$$

ここに $K(V)$ は V の標準因子である. ——

これは難しいから証明はここでは省略する. II, 補題 7.2 で示した消失定理:

$$H^p(\boldsymbol{P}^n, \mathcal{O}(m)) = 0 \qquad (\text{ここで } 0<p<n \text{ または } p=n,\ m>-(n+1))$$

は, 補題 3.2 の特別な場合になっている.

Serre の双対律によると,

$$\dim H^p(V, \mathcal{O}(K(V)+D)) = \dim H^{n-p}(V, \mathcal{O}(-D))$$

である. したがって, 小平の消失定理は,

$$-D \text{ がアンプル因子のとき,}\quad i<n \text{ ならば } H^n(V, \mathcal{O}(D)) = 0$$

ともいいかえられる. もっとも特別な場合は, $n=1$, すなわち, V が代数曲線のときであって, このとき, '$-D$ がアンプル因子' は '$\deg D<0$' と同値であり, さらにこのとき, $H^0(V, \mathcal{O}(D))=0$ は, II, §6.1 で注意したように自明のことである.

$n\geqq 2$ のとき, '$-D$ がアンプル因子' と '$(-D)^n<0$', あるいは '$-D$ が正因子' とは互いにかけ離れた条件なのである.

$-D$ が正因子ならば, $H^0(V, \mathcal{O}(-D))=0$. しかし, $(-D)^n<0$ でも $H^0(V, \mathcal{O}(-D)) \neq 0$ の例がある.

$-D$ がアンプル因子のとき, $n-1$ 以下の i につき, $H^i(V, \mathcal{O}(D))=0$ が成立する.

アンプル因子という概念は, 代数曲線上の正次数の因子を最も巧妙に一般化したものであり, これによって, 高次コホモロジー群が統制できるのである.

§3.5　2次超曲面の特徴づけ

a)　定理 3.4　前と同様に，(V, D) を n 次元偏極多様体とすると，つぎの条件は互いに同値となる：

(i)　$(V, D) \simeq (Q, H)$　(ここに Q は $\boldsymbol{P}^{n+1}$ の2次超曲面，H は $\boldsymbol{P}^{n+1}$ 内の超平面因子 H_0 が Q 上に定義する超平面切断因子)，

(ii)　$D^n = 2,\quad \Delta(V, D) = 0.$

さらに，V を非特異と仮定するとき，つぎの条件はどれも (i) (または (ii)) と同値になる：

(iii)　$K(V)+nD = 0,$

(iv)　$D^n = 2,\quad g(V, D) \leqq 0.$

証明　(i) $\Longrightarrow$ (ii)，(i) $\Longrightarrow$ (iii)，(iii) $\Longrightarrow$ (iv) は自明であろう．

(ii) を仮定する．定理 3.1 (Δ 不等式) によると，$\mathrm{Bs}\,|D|=\phi$．そこで $f=\Phi_D$，$W=f(V)$ と書く．H を Φ_D に応ずる W の超平面切断因子とすると，$D=f^*(H)$．D はアンプルだから f は有限正則である．$2=D^n=(f^*(H))^n=H^n \deg f$ によると，$H^n=2$，$\deg f=1$，または $H^n=1$，$\deg f=2$．もし後者とすると，$l(H) \geqq \dim W+1=n+1$ により，$\Delta(W, H) \leqq 0$．よって $\Delta(W, H)=0$．これより，定理 3.2 を使えば，$W=\boldsymbol{P}^n$，$l(H)=n+1$．一方，$l(D)=l(H)$ だから，$\Delta(V, D)=n+2-l(D)=1$．これで矛盾した．かくして，$H^n=2$，$\deg f=1$ となる．W は $\boldsymbol{P}^{n+1}$ 内の既約2次超曲面だから正規多様体である．$f: V \to W$ は有限正則で双有理だから，I，§2.28，d) により f は同型になる．よって $(V, D) \simeq (W, H)$ となり (i) が導かれた．

(iii) を仮定しよう．定理 3.3 の証明と同様，$H^p(tD)=H^p(K(V)+(t+n)D)$ と書きかえる．すると，$p>0$，$t>-n$ に対し，$H^p(tD)=0$．結局，$t=-1, -2, \cdots, -n+1$ に対し，$\chi(tD)=0$．よって，$\chi(tD)=(\alpha t+\beta)(t+1)\cdots(t+n-1)/n!$ と書かれ $\alpha=D^n=2$ である．さらに $p>0$ に対し，$H^p(\mathcal{O})=0$，$H^0(\mathcal{O})=k$ だから，$\chi(0D)=1$．これによると $\beta=n$．よって

$$\chi(tD) = \frac{2t(t+1)\cdots(t+n-1)}{n!}+\frac{(t+1)\cdots(t+n-1)}{(n-1)!}.$$

$t=1$ を入れると，

$$\chi(D) = 2+n.$$

$p>0$ に対して $H^p(D)=0$ だったから，$\chi(D)=\dim H^0(D)$．よって $\dim H^0(D)=2+n$．かくして $\Delta(V,D)=n+2-(n+2)=0$．これは (ii) である．

最後に (iv) から (iii) を導こう．$K(V)+nD\neq 0$ を仮定し背理法で示す．$2g(V,D)-2=(K(V)+(n-1)D, D^{n-1})\leqq 0$ であり $D^n=2$ だから，$(K(V)+nD, D^{n-1})\leqq 0$．よって，$H^0(K(V)+nD)=0$．前と同様に，$\chi(t)$ は $t=-1,-2,\cdots,-n+1$，そして $-n$ のとき 0 になる．よって，$\chi(t)=\alpha(t+1)\cdots(t+n)/n!$．さて，$\alpha=D^n=2$ である．それゆえ，$\chi_{n-1}(V,D)=2$．よって，$g(V,D)=-1$．いいかえると，$(K(V)+(n+1)D, D^{n-1})=0$．さて，$\chi(-(n+1)D)=(-1)^n 2$．定義式を用いて $\chi(-(n+1)D)=\dim(-1)^n H^n(-(n+1)D)=(-1)^n \dim H^0(K(V)+(n+1)D)$．これらを組み合せて，$\dim H^0(K(V)+(n+1)D)=2$．$D$ はアンプルで，$(K(V)+(n+1)D, D^{n-1})=0$ だったから，必然的に $K(V)+(n+1)D=0$．かくして，$\dim H^0(K(V)+(n+1)D)=\dim H^0(V,\mathcal{O}_V)=1$ で 7 行上の式に矛盾した．∎

b) 定理 3.3 の (iii) にあたる条件 $D^n=2$，$\mathrm{Bs}\,|D|=\phi$ から (i) は導けない．$H^n=1$，$\deg f=2$ の場合が生き残ってしまうのである．この場合には，$\Delta(V,D)=n+D^n-l(H)=1$ であって，実際いろいろな (V,D) が出てくる．

c) つぎには 3 次超曲面の特徴づけが問題となる．(V,D) を非特異 3 次超曲面とすると，$D^n=3$，$l(D)=n+2$．よって $\Delta(V,D)=1$ になる．したがって (ii) の条件にあたるものは，$D^n=3$，$\Delta(V,D)=1$ となる．Δ 不等式で直接にわかることは，$\dim \mathrm{Bs}\,|D|\leqq 0$．すなわち，$\mathrm{Bs}\,|D|$ が有限集合，というだけである．$\mathrm{Bs}\,|D|=\phi$ が示されれば，$f=\Phi_D$ が双有理正則になることは見易い．そして，$f(V)$ は $\boldsymbol{P}^{n+1}$ 内の 3 次超曲面である．これが正規多様体になるかどうかはもちろん自明ではない．実は (ii) から (i) は導けるのだが，証明はずっと難しくなる．藤田による美しい証明を §3.20 で紹介しよう．

d) さらにまた (iii) $\Longrightarrow$ (iv) に該当する事実を示すのは容易であって，つぎの定理が成り立つ．

定理 3.5 (V,D) を非特異偏極多様体とする．$n=\dim V$ とおくとき，$K(V)+(n-1)D=0$ を仮定すると，

$$g(V,D)=\Delta(V,D)=1.$$

証明 条件式から，補題 3.2 (小平の消失定理) を用い，さらに，$d=D^n$，$t\in\boldsymbol{Z}$ とおくと

$$\chi(tD) = (dt^2+d(n-1)t+n(n-1))\prod_{j=1}^{n-2}(t+j)/n!$$

を得る．これより，$\chi_{n-1}(V, D)=0$．よって $g(V, D)=1$ かつ

$$\begin{aligned}\chi(D) &= \dim H^0(V, \mathcal{O}(D)) = \{d+d(n-1)+n(n-1)\}/n \\ &= d+n-1\end{aligned}$$

を得る．ゆえに

$$\varDelta(V, D) = n+d-(d+n-1) = 1$$

を得る．∎

この逆が定理3.18である．

§3.6　V から D への補題

a)　$\varDelta(V, D)=0$ の (V, D) を研究するとき，つぎの補題は初等的だが非常に有用である．その精神は $n-1$ 次元の D から n 次元の V の情報を何かひき出そうというところにある．

補題 3.3　(V, D) を準偏極多様体とし，因子 D を素因子としよう．$D_1=D|D$ とおくと，(D, D_1) はまた準偏極多様体になる．さて，

$$\begin{aligned}0 \leqq \varDelta(V, D)-\varDelta(D, D_1) &\leqq q(V) = \dim H^1(\mathcal{O}_V) \\ &\leqq \dim H^1(\mathcal{O}_D)+\dim H^1(V, \mathcal{O}(-D))\end{aligned}$$

が成立し，さらにつぎの条件は互いに同値になる：

(i)　$\varDelta(V, D) = \varDelta(D, D_1)$,

(ii)　制限写像 $r_D: H^0(V, \mathcal{O}(D))\to H^0(D, \mathcal{O}(D_1))$ は全射,

(iii)　$\{|D|\}\,|\,D = |D_1|$　(左辺は $|D|$ の D への制限)．

証明　完全系列

$$0\longrightarrow\mathcal{O}(-D)\longrightarrow\mathcal{O}_V\longrightarrow\mathcal{O}_D\longrightarrow 0,$$

$$0\longrightarrow\mathcal{O}_V\longrightarrow\mathcal{O}(D)\longrightarrow\mathcal{O}(D_1)\longrightarrow 0$$

から，

$$0\longrightarrow H^1(-D)\longrightarrow H^1(\mathcal{O}_V)\longrightarrow H^1(\mathcal{O}_D)\quad(\text{完全})$$

および

$$0\longrightarrow k\longrightarrow H^0(V, \mathcal{O}_V(D))\xrightarrow{r_D} H^0(D, \mathcal{O}(D_1))\longrightarrow H^1(\mathcal{O}_V)\quad(\text{完全})$$

を得る．前者により

$$q(V)=\dim H^1(\mathcal{O}_V)\leqq \dim H^1(-D)+\dim H^1(\mathcal{O}_D)。$$

後者から，

$$\dim H^0(D)-1=\dim \mathrm{Im}\, r_D\leqq \dim H^0(D_1).$$

さらに

$$\dim H^0(D_1)-\dim \mathrm{Im}\, r_D\leqq \dim H^1(\mathcal{O}_V).$$

よって，$D^n=D_1{}^{n-1}$ に注意すると

$$\begin{aligned}\varDelta(V,D)-\varDelta(D,D_1)&=\dim H^0(D)-\dim H^0(D_1)+1\\&=\dim H^0(D_1)-\dim \mathrm{Im}\, r_D\leqq \dim H^1(\mathcal{O}_V)。\end{aligned}$$

さらに，上式をいいかえると，

$$\varDelta(V,D)-\varDelta(D,D_1)=\dim H^0(D_1)-\dim \mathrm{Im}\, r_D=\dim \mathrm{Coker}\, r_D.$$

これから (i), (ii), (iii) の同値性は自明となる. ▮

b)　注意　V 上の 1 次系 $\varLambda$ を D 上制限して得られる 1 次系を $\mathrm{Tr}_D\,\varLambda$ とも書く．すなわち，$\varLambda|D=\mathrm{Tr}_D\,\varLambda$. この記法によると，(iii) の条件は $\mathrm{Tr}_D\,|D|$ が再び完備 1 次系，といいかえられる．そして，$\mathrm{Bs}\,|D|=\phi$ のとき，(iii) の成立は $\varPhi_D|D=\varPhi_{D_1}$ を意味する．このように，(iii) は，$\varPhi_D$ の研究上有用なのである．

c)　D を一般の Cartier 因子とするとき，自然な次数環 $R_D{}^*=\bigoplus H^0(V,\mathcal{O}(tD))$ が 1 次式で生成されるならば，D は**単一生成的**とよばれる．いいかえると，自然な積の定める準同型 $m_t: H^0(tD)\otimes H^0(D)\to H^0((t+1)D)$ が $t\geqq 1$ に対しつねに全射となるとき，D を単一生成的とよぶのである．

補題 3.4　前の補題と同じく，D を素因子とし，$r_D: H^0(D)\to H^0(D_1)$ は全射，$D_1=D|D$ は D 上の因子として単一生成的と仮定する．このとき，$r_{tD}: H^0(tD)\to H^0((tD)|D)$ は全射，そして D 自身単一生成的である．

証明　つぎの可換図式を用いる．

$$\begin{array}{ccccc} & \overset{\alpha_D}{\nearrow} & H^0(tD)\otimes H^0(D) & \xrightarrow{r_{tD}\otimes r_D} & H^0(tD_1)\otimes H^0(D_1)\\ & & \big\downarrow m_t & & \big\downarrow m_t' \\ H^0(tD) & \xrightarrow[\cdot\delta]{} & H^0((t+1)D) & \xrightarrow[r_{(t+1)D}]{} & H^0((t+1)D_1)\end{array}$$

図式 3.2

下の水平列は

$$0\longrightarrow \mathcal{O}(tD)\longrightarrow \mathcal{O}((t+1)D)\longrightarrow \mathcal{O}((t+1)D_1)\longrightarrow 0$$

から導かれる普通のコホモロジー完全系列. 素因子 D を定める切断を $\delta\in H^0(V, \mathcal{O}(D))=H^0(D)$ と書く: $(\delta)=D$. α_D は $\varphi\in H^0(tD)$ を $\varphi\otimes\delta$ に写す. D_1 に応じる積写像を m_t' で書いた. 図式3.2の可換性は自明であろう.(この可換性は正則切断 φ を $\{\varphi_\alpha\}$ と局所的に表示して(I, §2.22, a)), 検証しなければならない.)

r_{tD} が全射になることを t についての帰納法でまず示そう. r_{tD} は全射とする. $r_{tD}\otimes r_D$ および m_t' が全射だから, 図式3.2の可換性によって, $r_{(t+1)D}\circ m_t$ も全射. よって $r_{(t+1)D}$ が全射になる.

つぎに m_t が全射になることを証明する. $\varphi\in H^0((t+1)D)$ をとる. $r_{(t+1)D}$ で写して φ_1 とし, $m_t'\cdot r_{tD}\otimes r_D(\psi)=\varphi_1$ となる ψ を定める. すると, $m_t(\psi)-\varphi\in \mathrm{Ker}(r_{(t+1)D})$. よって, $\tilde{\varphi}\in H^0(tD)$ があって, $\tilde{\varphi}\cdot\delta=\varphi-m_t(\psi)$. 書き直して, $\varphi=m_t(\psi+\tilde{\varphi}\otimes\delta)$. かくして, m_t は全射, が示された. ▌

補題 3.5 単一生成的因子 D がアンプル因子ならば, D は超平面切断的になる. さらに, D が素因子で, $D_1=D|D$ と書くとき, もし $p\geqq 1$, $t\geqq t_0$ に対してつねに $H^p(tD_1)=0$ が成り立てば, $p\geqq 1$, $t\geqq t_0-1$ に対して $H^p(tD)=0$ となる.

証明 或る $m>0$ があって mD は超平面切断的, かつ, D が単一生成的のとき, D 自身超平面切断因子であることを示す. $H^0(D)$ の底を $\varphi_0, \cdots, \varphi_l$ とおく. $l+1$ 変数の m 次単項式を $M_0, \cdots, M_{N(m)}$ $\left(N(m)=\binom{m+l}{m}-1\right)$ とおけば, $M_0(\varphi_0, \cdots, \varphi_l)$, $\cdots$, $M_{N(m)}(\varphi_0, \cdots, \varphi_{N(m)})$ の間に1次従属の関係が成り立つかもしれないが, これらによってきまる有理写像 Φ は正則写像であって Φ_{mD} に等しい. 定義により, Φ は $\Phi_D: V\to \boldsymbol{P}^{N(1)}$ に m 次 Veronese 埋入 $\xi_m: \boldsymbol{P}^{N(1)}\to\boldsymbol{P}^{N(m)}$ (II, §7.13) を合成したものとなっている. $\Phi=\xi_m\cdot\Phi_D$ は仮定から閉埋入. よって Φ_D も閉埋入になる. 単一生成的な D について明らかに $\mathrm{Bs}\,|mD|=\mathrm{Bs}\,|D|$ が成り立つ. よって考えている D について $\mathrm{Bs}\,|D|=\phi$. かくして D は超平面切断因子である.

つぎに後半を証明しよう. t をきめ完全系列

$$0\longrightarrow\mathcal{O}((t-1)D)\longrightarrow\mathcal{O}(tD)\longrightarrow\mathcal{O}(tD_1)\longrightarrow 0$$

から, コホモロジー群の長完全系列

$$\cdots\cdots\longrightarrow H^p(tD_1)$$
$$\longrightarrow H^{p+1}((t-1)D)\longrightarrow H^{p+1}(tD)\longrightarrow H^{p+1}(tD_1)$$

を得る. $p>0$, $t\geqq t_0$ に選ぶと, $H^p(tD_1)=H^{p+1}(tD_1)=0$. よって, $H^{p+1}((t-1)D)\simeq H^{p+1}(tD)$. $t+1>t_0$ だから同様に $H^{p+1}(tD)\simeq H^{p+1}((t+1)D)\simeq\cdots\simeq H^{p+1}(lD)$.

この l はいくらでも大きくなるから，II，定理 7.8 (定理 B) によって，$H^{p+1}(lD)=0$. よって $H^{p+1}((t-1)D)=0$. かくして，$p\geqq 2$, $t\geqq t_0-1$ につき $H^p(tD)=0$ が示された．さて，$p=1$ については，r_{tD} が全射だから，完全系列

$$H^0(tD)\xrightarrow{r_D}H^0(tD_1)$$
$$\longrightarrow H^1((t-1)D)\longrightarrow H^1(tD)\longrightarrow 0$$

により，$H^1((t-1)D)\simeq H^1(tD)$ を得る．$p\geqq 2$ のときと同様の考察をして，$t\geqq t_0-1$ に対し $H^1(tD)=0$ が示される．∎

§3.7 $\varDelta=0$ のもつ諸性質

a) この節では，V を非特異とし，(V,D) は $\varDelta(V,D)=0$ を満たす偏極多様体とする．このような (V,D) の基本的な性質を確立しよう．$\varDelta$ 不等式により $\mathrm{Bs}\,|D|=\phi$ を得る．これは非常に重要な事実である．さらにつぎの性質を示そう．

定理 3.6 (i) $g(V,D)=0$.

(ii) $p>0$, $t\geqq 0$ に対して，$H^p(tD)=0$,

とくに，$j>0$ に対して，$q_j(V)=\dim H^j(\mathcal{O}_V)=0$.

(iii) D は超平面切断的であり，さらに単一生成的でもある．

証明 $n=\dim V$ についての帰納法による．$n=1$ のとき，$\varDelta(V,D)=0$ から $V=\boldsymbol{P}^1$ と $\deg D>0$ とを得る．よって結論の (i), (ii), (iii) は自明的に正しい．$n-1$ のときを仮定しよう．$\mathrm{Bs}\,|D|=\phi$ だから，$|D|$ の一般の元は非特異そして連結．よって，D を非特異連結と仮定できる．補題 3.3 によると，$\varDelta(D,D_1)\leqq\varDelta(V,D)=0$. よって $\varDelta(D,D_1)=0$. それゆえ，帰納法の仮定により，$p>0$, $t\geqq 0$ に対して $H^p(tD_1)=0$, D_1 は単一生成的である．補題 3.3 と 3.4 とにより，$p>0$, $t\geqq -1$ に対し $H^p(tD)=0$, そして D は単一生成的になる．ゆえに D は超平面切断因子．さて $g(V,D)=g(D,D_1)$ だったから，$g(V,D)=g(D,D_1)=0$. ∎

この証明からわかるように，$p>0$, $t\geqq -n$ に対して $H^p(tD)=0$ が成り立つのである．

b) 前のように，D を非特異既約と選んでおくと，つぎの定理が成り立つ．

定理 3.7 (i) $\dim H^0(K(V)+nD)=D^n-1$.

(ii) $D^n\geqq 3$ のとき，

$$\dim \mathrm{Bs}\,|K(V)+nD|<n-1.$$

証明　n についての帰納法で示す．$n=1$ ならば(i)，(ii) ともに自明．$n-1$ のときを仮定する．$K(D)=(K(V)+D)|D$ (II，§5.10) に注意して，慣用のコホモロジー群の長完全系列を考えよう：

$$0 \longrightarrow H^0(K(V)+(n-1)D) \longrightarrow H^0(K(V)+nD)$$
$$\longrightarrow H^0(K(D)+(n-1)D) \longrightarrow H^1(K(V)+(n-1)D) \longrightarrow \cdots.$$

ところで，$2g(V,D)-2=(K(V)+(n-1)D, D^{n-1})=-2$ により，$H^0(K(V)+(n-1)D)=0$．そこで補題3.2(小平の消失定理)により，$H^1(K(V)+(n-1)D)=0$．よって前の系列により，

$$\dim H^0(K(V)+nD) = \dim H^0(K(D)+(n-1)D_1).$$

帰納法の仮定を用いると，右式$=D_1{}^{n-1}-1$．それゆえ $D^n=D_1{}^{n-1}$ により(i)の結論を得る．(ii)の証明をしよう．前の記法を襲用する．$H^1(K(V)+(n-1)D)=0$ だから，$r_{K(V)+nD}$ は全射．よって $\mathrm{Tr}_D|K(V)+nD|=|K(D)+(n-1)D_1|$．よって，

$$D\cap \mathrm{Bs}\,|K(V)+nD| = \mathrm{Bs}\,|K(D)+(n-1)D_1|.$$

これにより，

$$\begin{aligned}\dim \mathrm{Bs}\,|K(V)+nD| &\leqq 1+\dim \mathrm{Bs}\,|K(V)+nD|\cap D\\ &= 1+\dim \mathrm{Bs}\,|K(D)+(n-1)D_1|\\ &< 1+n-1-1 = n-1.\end{aligned}$$

∎

§3.8　$n=\dim V=2$，$\Delta(V,D)=0$，$D^2\geqq 3$ のとき

V が非特異のときのみを考える．

定理3.8　$D^2\geqq 3$ のとき，

$$(V,D)\backsimeq(\boldsymbol{P}^2, 2H) \quad \text{または} \quad (K(V)+2D)^2=0.$$

証明　定理3.7によると，$\mathrm{Bs}\,|K(V)+2D|$ は有限集合．よって $(K(V)+2D)^2\geqq 0$．一方，$-2=2g(V,D)-2=(K(V)+D,D)$ だから，

$$\begin{aligned}K(V)^2 &= (K(V)+2D-2D)^2 = (K(V)+2D)^2-4(K(V)+2D,D)+4D^2\\ &\geqq -4(K(V)+D,D) = 8.\end{aligned}$$

さて $K(V)^2\geqq 8$，$p_g(V)=0$，$q(V)=0$ だからつぎの補題により，$K(V)^2=8$ または9が導かれる．

補題3.6　V を完備非特異超曲面とし，$p_g(V)=q(V)=0$ とすると，$K(V)^2+$

$b_2(V)=10$. よって $K(V)^2\leqq 9$.

証明 M. Noether の公式(II, §8.3, c))によると, $b_2(V)$ を V の第2 Betti 数として,

$$K(V)^2+2-2q(V)+b_2(V)=12(1-q(V)+p_g(V)).$$

これより明らか. ▮

定理3.8の証明に戻る. $K(V)^2=8$ ならば, 前ページの式により, $(K(V)+2D)^2=0$. そこで $K(V)^2=9$ としよう. $b_2(V)=1$ になるから, $H^2(V,\boldsymbol{Z})$ の自由 Abel 群部分は無限巡回群となる. $q(V)=0$, $p_g(V)=0$ だから, つぎの完全系列ができる:

$$\begin{array}{ccccccc} H^1(V,\mathcal{O}) & \longrightarrow & H^1(V,\mathcal{O}^*) & \longrightarrow & H^2(V,\boldsymbol{Z}) & \longrightarrow & H^2(V,\mathcal{O}). \\ \| & & & & & & \| \\ 0 & & & & & & 0 \end{array}$$

よって $H^2(V,\boldsymbol{Z})$ の自由 Abel 群を生成する元に応ずる (Cartier) 因子 $F\in H^1(V,\mathcal{O}^*)$ を選ぶ. $(F,D)<0$ ならば $-F$ を改めて F とおく. かくして, $(F,D)>0$ にできる. すると, D, $K(V)$ ともに, 有限位数の $H^1(V,\mathcal{O}^*)$ の元を無視すれば, F の正整数倍. よって, $a>0$, $b>0$ があって $D=aF+\tau$, $K(V)=bF+\tau_1$ となる. ここに τ, τ_1 は $H^1(V,\mathcal{O}^*)$ の有限位数元. $K(V)^2=b^2F^2=9$ によると, $b=\pm 3$ または ± 1. さて, $-2=2g(V,D)-2=K(V)D+D^2=ab+a^2$ により $b<0$. $a(b+a)=-2$ の解は, $a=2$, $b+a=-1$ または $a=1$, $b+a=-2$. 結局, $b=-3$ かつ $a=1$ または 2 となった. 一方, 定理3.7によると, $|K(V)+2D|\neq\phi$. それゆえ $a=1$, $b=-3$ のとき $K(V)+2D=-F+\tau_1+2\tau$ と矛盾に到る. よって, $K(V)=-3F$. $K(V)^2=9$ だったから $F^2=1$. さて, F はアンプル因子であって, $F^2=1$ かつ $\mathrm{Bs}\,|K(V)+2D|=\phi$ により, $\mathrm{Bs}\,|F+2\tau+\tau_1|=\phi$. $F_1=F+2\tau+\tau_1$ とおくと, F_1 もアンプルである(たとえば, 中井判定法 II, 定理8.9による). また, $F_1{}^2=1$, $\mathrm{Bs}\,|F_1|=\phi$ だから, 定理3.3の (iii) $\Longrightarrow$ (i) が使えて, $(V,F_1)\simeq(\boldsymbol{P}^2,H)$. よって, $H^2(V,\boldsymbol{Z})=H^2(\boldsymbol{P}^2,\boldsymbol{Z})=\boldsymbol{Z}$ は捩れ部分がない. かくして, $F_1=F$, $(V,F)=(\boldsymbol{P}^2,H)$. したがって, $(V,D)=(\boldsymbol{P}^2,2H)$. ▮

上の議論で, $K(V)^2=9$ のとき例外的になったが, これは, 2次元という低次元ゆえにおこる複雑さの一つと考えられる. つぎにみるように3次元以上では統一理論が成り立つのである.

§3.9　$n=\dim V\geqq 3,\ \Delta(V,D)=0,\ D^2\geqq 3$ のとき

つぎの定理を示そう．

定理 3.9　$D^2\geqq 3$ のとき，

$$((K(V)+nD)^2, D^{n-2})=0.$$

証明　$n=3$ のとき．$\mathrm{Bs}\,|D|=\phi$ だから $|D|$ の一般の元をとり，それを D と改めておくと，D は非特異既約である．$D_1=D|D$ としよう．$q(V)=\dim H^1(V,\mathcal{O}_V)=0$ だったから，補題3.3により，$\Delta(V,D)=\Delta(D,D_1)$．$D^3={D_1}^2$ により，$\Delta(D,D_1)=0,\ {D_1}^2\geqq 3$．よって定理3.8によると，$(D,D_1)=(\boldsymbol{P}^2,2H)$，または $(K(D)+2D_1)^2=0$．一方，$((K(V)+3D)^2,D)=(K(D)+2D_1)^2$ が同伴公式（II，§5.10）により導かれるから，$(D,D_1)\neq(\boldsymbol{P}^2,2H)$ のとき主張は示される．そこで，$(D,D_1)=(\boldsymbol{P}^2,2H)$ と仮定して矛盾を導こう．つぎの定理を引用する．

定理 3.10（Lefschetz の超平面切断弱定理）　M を非特異射影代数多様体とし，W を M の非特異素因子とする．因子 W がアンプルのとき，

$$i>n \quad ならば \quad H_i(W,\boldsymbol{Z})\simeq H_i(M,\boldsymbol{Z}),$$

$$i=n \quad ならば \quad H_n(W,\boldsymbol{Z})\longrightarrow H_n(M,\boldsymbol{Z}) \text{ は全射,}$$

（ここに $n=\dim W$.）これの双対として，

$$i<n \quad ならば \quad H^i(M,\boldsymbol{Z})\simeq H^i(W,\boldsymbol{Z}),$$

$$i=n \quad ならば \quad H^n(M,\boldsymbol{Z})\longrightarrow H^n(W,\boldsymbol{Z}) \text{ は単射.}$$ ——

（定理3.10の証明は省略する．）

そこで，定理3.9の証明に戻って，これを (V,D) に用いると，

$$H_2(D,\boldsymbol{Z})\longrightarrow H_2(V,\boldsymbol{Z})$$

が全射になる．$H_2(D,\boldsymbol{Z})=H_2(\boldsymbol{P}^2,\boldsymbol{Z})=\boldsymbol{Z}$ なので，必然的に $H_2(D,\boldsymbol{Z})\simeq H_2(V,\boldsymbol{Z})$．さて，定理3.8の証明でみたように，

$$H^1(V,\mathcal{O}^*)=H^2(V,\boldsymbol{Z}),\qquad H^1(D,\mathcal{O}^*)=H^2(D,\boldsymbol{Z}).$$

すなわち，同型 $j: H^1(V,\mathcal{O}^*)\simeq H^1(D,\mathcal{O}^*)$ ができた．$D=\boldsymbol{P}^2$ であり，直線因子 $H\in H^1(\boldsymbol{P}^2,\mathcal{O}^*)$ を上の同型 j^{-1} で写し，再び $H\in H^1(V,\mathcal{O}^*)$ とおくと，$D-2H$ は j により $D_1-2F=0$ に写る．よって $D=2H$．$j(K(V)+D)=(K(V)+D)|D=K(D)$ だから，$K(V)+2H=-3H$．よって $K(V)=-5H$．このとき，

$$K(V)+3H=-2H.$$

これは，定理3.7の主張 $\dim|K(V)+3H|=D^3-2\geqq 1$ に反する．

$n\geqq 4$ のとき．§3.7, a) と同様に，(D, D_1) を用いて n についての帰納法によればよい．∎

§3.10　$\varDelta(V, D)=0$,　$D^n\geqq 3$ の構造

a)　つぎの補題を示す．

補題 3.7　$\varDelta(V, D)=0$,　$D^n\geqq 3$,　$((K(V)+nD)^2, D^{n-2})=0$ のとき，$\mathrm{Bs}\,|K(V)+nD|=\phi$．そして，$|K(V)+nD|$ に付属した有理写像を f と書くと，f は正則であって，$f(V)=W$ は代数曲線になる．

証明　定理 3.7 によると，$\dim \mathrm{Bs}\,|K(V)+nD|\leqq n-2$．よって，$|K(V)+nD|$ の一般の元を二つとり，G_1, G_2 とおくと，$\dim(G_1\cap G_2)\leqq n-2$．もし $G_1\cap G_2\neq\phi$ ならば，$\dim(G_1\cap G_2)=n-2$ である．よって，$D|G_1\cap G_2$ はアンプル因子だから，$(D|G_1\cap G_2)^{n-2}>0$.

一方，

$$(D|G_1\cap G_2)^{n-2}=(G_1, G_2, D^{n-2})=((K(V)+nD)^2, D^{n-2})=0.$$

これは矛盾である．かくして，$G_1\cap G_2=\phi$．したがって $\mathrm{Bs}\,|K(V)+nD|=\phi$ が示された．$W=f(V)$ とおき，$\dim W\geqq 2$ としよう．W の一般超平面切断 H_1, H_2 をとると，$H_1\cap H_2\neq\phi$．そして，$G_1=f^*H_1$，$G_2=f^*H_2$ も一般の因子とみなされ，$G_1\cap G_2=f^{-1}(H_1\cap H_2)\neq\phi$．かくして矛盾した．よって $\dim W=1$．∎

b)　そこで，$\varDelta(V, D)=0$,　$D^n\geqq 3$,　$(V, D)\neq(\boldsymbol{P}^2, 2H)$ を満たす (V, D) を考える．定理 3.9 によって，$((K(V)+nD)^2, D^{n-2})=0$ が示されるから，補題 3.7 が直ちに使える．そこの記号を用いよう．W の一般超平面切断因子を $\mathfrak{d}$ と書くと，$\deg\mathfrak{d}=d$ が定まる．X を f の一般ファイバー $f^{-1}(w)$ とすると，$|K(V)+nD|$ の一般の元 G は $f^*(\mathfrak{d})$ と書かれ (図式 3.3)，

$$\begin{array}{ccc} X=f^{-1}(w) & \subset & V \\ \downarrow & & \downarrow{\scriptstyle f} \\ w & \in & W \end{array}$$

図式 3.3

$$\begin{aligned}-2=2g(V, D)-2&=(K(V)+(n-1)D, D^{n-1})\\ &=(K(V)+nD-D, D^{n-1})=(f^*(\mathfrak{d}), D^{n-1})-D^n\end{aligned}$$

が成り立つ．よって

$$d\cdot(X, D^{n-1})=(f^*(\mathfrak{d}), D^{n-1})=D^n-2.$$

D はアンプル因子であり，X は $n-1$ 次元なので，$(X, D^{n-1})=(D|X)^{n-1}>0$. よって $D^n-2 \geqq d$. 一方，Δ 不等式により，

$$0 \leqq \Delta(W, \mathfrak{d}) = 1+d-(D^n-1) = d-(D^n-2).$$

よって，$D^n-2 \leqq d$. 前式と合せて $D^n-2=d$ を得る．それゆえ，$\Delta(W, \mathfrak{d})=0$. かくして，$\deg \mathfrak{d}=d=1$，$W=\boldsymbol{P}^1$. さらに，$(X, D^{n-1})=1$ を得る．さて，$X=f^{-1}(w)$ は，$(D|X)^{n-1}=1$ だから，既約である．$\mathrm{Bs}\,|D|=\phi$ によって，$\mathrm{Bs}\,|D|X|=\phi$. よって定理3.3の(iii)$\Longrightarrow$(i)を用いると，$(X, D|X)=(\boldsymbol{P}^{n-1}, H')$. H' はもちろん $\boldsymbol{P}^{n-1}$ の超平面因子．こんどは，任意の $a \in W$ について $Y=f^{-1}(a)$ とおく．$1=(D^{n-1}, X)=(D^{n-1}, Y)$ から，Y はやはり既約代数多様体になり，$(Y, D|Y)=(\boldsymbol{P}^{n-1}, H')$. すなわち，$f: V \to \boldsymbol{P}^1=W$ は $\boldsymbol{P}^{n-1}$ 束であって，D は $\boldsymbol{P}^{n-1}$ 束の基本層となっている．$\mathcal{F}=f_*(\mathcal{O}(D))$ とおくと，$\mathcal{F}$ は位数 n のベクトル束の層となる．つぎの補題を用いると，$\mathcal{F}$ は直和 $\mathcal{O}(a_1)\oplus\cdots\oplus\mathcal{O}(a_n)$ になることがわかる．

c)　補題 3.8 (A. Grothendieck)　$\boldsymbol{P}^1$ 上のベクトル束 $\mathcal{F}$ は，因子の層の直和である．

証明 (藤田による)　$\mathcal{F}$ の階数 r に関する帰納法で証明する．$r=1$ ならば，$\mathcal{F}$ 自身が因子の層．$r \geqq 2$ とし，$r-1$ の場合を仮定する．$\mathcal{F}$ の部分ベクトル束 $\mathcal{L}$ とは，まず $\mathcal{F}$ の $\mathcal{O}$ 部分層となるベクトル束で，かつ $\mathcal{F}/\mathcal{L}$ もベクトル束となるものの意味である．$\boldsymbol{P}^1$ は1次元なので，階数1の部分ベクトル束 $\mathcal{L}$ は確かに存在する．そして，$\dim H^0(\mathcal{L}) \leqq \dim H^0(\mathcal{F})$. 一方，$\deg \mathcal{L} \leqq \dim H^0(\mathcal{L})-1$ だから，$\deg \mathcal{L}$ は $\mathcal{L}$ によらない定数 $\dim H^0(\mathcal{F})-1$ で，上からおさえられる．したがって，$\deg \mathcal{L}$ が最大となるような部分ベクトル束である因子の層 $\mathcal{L}$ が存在する．それをあらためて $\mathcal{L}$ と書く．$Q=\mathcal{F}/\mathcal{L}$ の階数は $r-1$ である．したがって帰納法の仮定により，$\mathcal{F}/\mathcal{L}$ は因子の層 $Q_1, \cdots, Q_{r-1}$ の直和で表される．$\deg Q_1 > \deg \mathcal{L}$ と仮定しよう．$\mathcal{F} \to Q=\mathcal{F}/\mathcal{L}$ により Q_1 をひき戻し，$\mathcal{F}_1$ とおく．すると，$\mathcal{L} \subset \mathcal{F}_1$. そして，$\mathcal{F}_1/\mathcal{L} \simeq Q_1$. $\mathcal{L}$ の双対層 $\mathcal{L}^{\vee}$ は $\mathcal{L}^{-1}$ でもある．ともあれ，完全系列

$$0 \longrightarrow \mathcal{L} \longrightarrow \mathcal{F}_1 \longrightarrow Q_1 \longrightarrow 0$$

に $\mathcal{L}^{\vee}$ をテンソル積して，

$$(*)\qquad 0 \longrightarrow \mathcal{O}_{\boldsymbol{P}^1} \longrightarrow \mathcal{F}_1 \otimes \mathcal{L}^{-1} \longrightarrow Q_1 \otimes \mathcal{L}^{-1} \longrightarrow 0 \quad (\text{完全})$$

を得る．よって完全系列

$$0\longrightarrow H^0(\mathcal{O})\longrightarrow H^0(\mathcal{F}_1\otimes\mathcal{L}^{-1})\longrightarrow H^0(Q_1\otimes\mathcal{L}^{-1})$$
$$\longrightarrow H^1(\mathcal{O})=0$$

ができる．ゆえに $\deg(Q_1\otimes\mathcal{L}^{-1})=\deg Q_1-\deg\mathcal{L}>0$ より

$$\dim H^0(\mathcal{F}_1\otimes\mathcal{L}^{-1}) = 1+\dim H^0(Q_1\otimes\mathcal{L}^{-1})$$
$$= 2+\deg Q_1-\deg\mathcal{L} > 2$$

に到る．$H^0(\mathcal{F}_1\otimes\mathcal{L}^{-1})$ の1次独立な正則切断 φ_1,φ_2 を考えよう．φ_1,φ_2 が各点 $p\in\boldsymbol{P}^1$ で，1次独立ならば，$\mathcal{F}_1\otimes\mathcal{L}^{-1}\simeq\mathcal{O}^2$ となり，（$*$）から出る式

$$\mathcal{O}=\det(\mathcal{F}_1\otimes\mathcal{L}^{-1})=\mathcal{O}\otimes\det(Q_1\otimes\mathcal{L}^{-1})$$

によると，$\deg(Q_1\otimes\mathcal{L}^{-1})=0$ を得る．これは矛盾．かくして，或る1点 $q\in\boldsymbol{P}^1$ において，$\varphi_1(q)=\lambda\varphi_2(q)$ と書ける．そこで $\varphi_1-\lambda\varphi_2$ を改めて φ_1 とおけば，$\varphi_1(q)=0$. つぎに述べる d) によると，$\varphi_1\in H^0(\mathcal{F}_1\otimes\mathcal{L}^{-1})$ に対応して，$\mathcal{F}_1\otimes\mathcal{L}^{-1}$ の部分ベクトル束としての可逆層 $\mathcal{G}$ がつくられる．φ_1 は正則で，q で0になるから，$\mathcal{G}$ は正因子とみられる．そして，$\mathcal{F}_1\supset\mathcal{L}\otimes\mathcal{G}$ だから，$\deg(\mathcal{L}\otimes\mathcal{G})=\deg\mathcal{L}+\deg\mathcal{G}>\deg\mathcal{L}$. これは $\deg\mathcal{L}$ が最大という仮定に反する事実である．

かくして，すべての j に対し，$\deg Q_j\leqq\deg\mathcal{L}$. よって，

$$H^1(\mathcal{L}\otimes Q^\vee)=\bigoplus H^1(\mathcal{L}\otimes Q_j{}^{-1})=0.$$

すなわち，

$$\mathrm{Ext}^1(\boldsymbol{P}^1;\mathcal{L},Q)=H^1(\mathcal{L}\otimes Q^\vee)=0$$

になったから，

$$\mathcal{F}\simeq\mathcal{L}\oplus Q\simeq\mathcal{L}\oplus Q_1\oplus\cdots\oplus Q_{r-1}. \qquad \blacksquare$$

かくして，つぎの定理を得る．

定理 3.11 (V,D) を非特異偏極多様体，$n=\dim V$, $D^n\geqq 3$, $\Delta(V,D)=0$, $(V,D)\neq(\boldsymbol{P}^2,2H)$ とする．このとき，$\boldsymbol{P}^1$ 上の正因子 $\mathcal{O}(a_1),\cdots,\mathcal{O}(a_n)$ があり，$\mathcal{F}=\mathcal{O}(a_1)\oplus\cdots\oplus\mathcal{O}(a_n)$ とおく．$P=\boldsymbol{P}(\mathcal{F})$ と書き，P の基本層に応じる因子を H と書くと，

$$(V,D)\simeq(P,H). \qquad \text{——}$$

この結果，$\Delta(V,D)=0$ を満たす非特異偏極多様体は，§3.2 で構成した例しかないことが証明された．

d) 完備非特異代数曲線 C 上のベクトル束の層 $\mathcal{F}$ は簡明な性質を持っている．

$\mathscr{F}$ の0でない有理切断 $\varphi\in\Gamma_{\mathrm{rat}}(C,\mathscr{F})$ をとると，φ は $\mathscr{F}$ の定める射影束 $\boldsymbol{P}(\mathscr{F})\to C$ の有理切断 $\boldsymbol{P}(\varphi)$ を与える．さて $\boldsymbol{P}(\varphi):C\to\boldsymbol{P}(\mathscr{F})$ を有理写像とみるとき，$\boldsymbol{P}(\mathscr{F})$ は完備で，C は正規曲線だから，接続定理が使えて，結局，$\boldsymbol{P}(\varphi)$ は正則写像になる．かくして，$p\in C\to\boldsymbol{P}(\varphi)(p)=\boldsymbol{P}(\mathscr{F}\otimes k(p))$ の超平面，という対応を得る．よって，$\boldsymbol{P}(\varphi)(p)$ が $\boldsymbol{P}(\mathscr{F}\otimes k(p))$ の無限遠超平面になるように座標を入れることにより，$\boldsymbol{P}(\mathscr{F})-\bigcup\boldsymbol{P}(\varphi)(p)$ を C 上の，次元が $r=\mathrm{rank}\,\mathscr{F}-1$ のベクトル空間をファイバーとするファイバー空間 $\boldsymbol{F}\to C$ とみれる．C の或るアフィン被覆 $\bigcup U_\alpha$ をとると，$\boldsymbol{F}|U_\alpha\simeq\mathcal{O}^r|U_\alpha$．よって，$\boldsymbol{F}$ の貼り合せの関数 $f_{\alpha\beta}$ は，

$$U_\alpha\cap U_\beta\longrightarrow \mathrm{Aff}\,(r,k)$$

すなわち，行列関数 $A_{\alpha\beta}$ とベクトル関数 $b_{\alpha\beta}$ を用いて．

$$f_{\alpha\beta}=\begin{bmatrix}A_{\alpha\beta} & b_{\alpha\beta}\\ 0 & 1\end{bmatrix}$$

と書かれる．それゆえ，$\mathscr{F}$ の貼り合せの関数 $g_{\alpha\beta}$ をとるとき，或る $\{\lambda_{\alpha\beta}\}\in H^1(C,\mathcal{O}^*)$ により

$$g_{\alpha\beta}=\begin{bmatrix}\lambda_{\alpha\beta}A_{\alpha\beta} & \lambda_{\alpha\beta}b_{\alpha\beta}\\ 0 & \lambda_{\alpha\beta}\end{bmatrix}$$

と表される．かくして，$\mathscr{F}$ には，部分ベクトル束としての因子 $\{\lambda_{\alpha\beta}\}$ が存在することがわかった．

§3.11　非特異性定理 その1

a)　V を非特異完備代数多様体とし，D を V 上の因子としよう．$\mathrm{Bs}\,|D|=\phi$ ならば Bertini の定理(II，定理7.22)によって，$|D|$ の一般の元は非特異になる．$\mathrm{Bs}\,|D|$ が有限集合のときは，一般に，非特異の元が $|D|$ にあるとは限らない．$|D|$ が或る種の条件を満たすとき，$|D|$ の一般元が非特異になる，という主張を**非特異性定理**とよぶ．$\mathrm{Bs}\,|D|\neq\phi$ のときの非特異性定理にはいろいろある．順次説明していこう．用語の説明から始める．

一般に V 上の1次系 Λ は，$\dim\Phi_\Lambda(V)<\dim V$ のとき**退化している**という．$|D|$ が退化1次系のとき D を**退化因子**という．退化しない1次系 Λ を**非退化1次系**という．$|D|$ が非退化1次系のとき，もちろん，D を**非退化因子**とよぶ．

定理 3.12　(V,D) を非特異準偏極多様体とし，$n=\dim V$ とおく．(イ) Bs

$|D|$ は有限集合，(ロ) $D^n \geqq 2\Delta(V, D)-1$，(ハ) D は退化因子，をすべて仮定する．このとき，$|D|$ の一般の元は非特異である．

証明　$n=1$ のときをまず考える．(イ)により，$|D| \neq \phi$．(ハ)により，$l(D)=1$．また(ロ)によると，$\deg D \geqq 2(1+\deg D-l(D))-1$．これを書きかえると，$2l(D) \geqq 1+\deg D$．さて $l(D)=1$ だから，上式より $\deg D=1$．すなわち，$|D|$ の一般元は p．これは確かに非特異である．

$n \geqq 2$ のとき，(イ)によると，$|D|$ には固定成分がない．$\mathrm{Bs}\,|D| \neq \phi$ を仮定してよい．D を $|D|$ の一般の元と定める．$p \in \mathrm{Bs}\,|D|$ を一つとり，p での D の重複度 $e(p, D)$ を ν としよう．$\nu \geqq 2$ と仮定して，以下で矛盾を導く．V に p を中心とした2次変換を行い，それを $\mu: V_1=Q_p(V) \to V$ と書こう．II, §7.30, e)により，$E=\mu^{-1}(p)$ と書くと，

$$\mu^*D = D'+\nu E.$$

ここに D' は D の μ による強変換とした．さて，$G \in |D|$ をとると，$e(p, G) \geqq \nu$ だから，$\mu^*G-\nu E \sim D'$．逆に $G_1 \in |D'|$ をとる．μ は双有理正則だから $G_1 \sim D'$ より，$\mu_*G_1 \sim \mu_*D'=\mu_*(D'+\nu E)=\mu_*\mu^*D=D$ を得る．よって $\mu_*G_1 \in |D|$．さて，μ は2次変換だから $\alpha \geqq 0$ により，$\mu^*\mu_*G_1=G_1+\alpha E$ と書ける．$\mu^*\mu_*G_1 \sim \mu^*D=D'+\nu E$ によると，$\alpha=\nu$．すなわち，$G_1 \sim \mu^*D-\nu E$．いいかえると，

$$|D'| = \{\mu^*G-\nu E\,;\, G \in |D|\}$$

が成立する．D' に付属する有理写像 $\Phi_1: V_1 \to W=\Phi_1(V_1)$ の不確定点を II，260ページの方法を用いて，2次変換の合成 $\mu_1: V^* \to V_1$ により除去する．このとき，$|\mu_1{}^*D'|$ の固定成分を $\mathscr{E}$ と書くと，$|\mu_1{}^*D'-\mathscr{E}|=|\mu_1{}^*D'|-\mathscr{E}$ には，底点がなくなる．$D_2=\mu_1{}^*D'-\mathscr{E}$ と書くと，D_2 は正則写像 $\Phi_2: V^* \to W$ を定める(図式3.4)．W に超平面切断因子 H が定まり，$\Phi_2{}^*H=\mu_1{}^*D'-\mathscr{E} \in \Lambda_2$ となる．そこで，$\mu_2=\mu\cdot\mu_1: V^* \to V$ と書くと，$\mu_2(\mathscr{E})$，$\mu_2(E)$ は有限個の点よりなる．

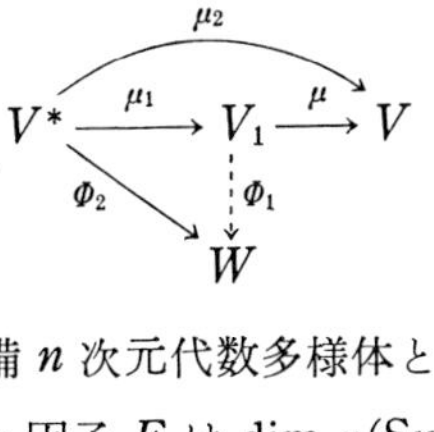

図式 3.4

b)　補題 3.9　V_1, V を完備 n 次元代数多様体とし，$\varphi: V_1 \to V$ は全射の正則写像であり，V_1 上の Cartier 因子 E は $\dim \mu(\mathrm{Supp}\,E)=0$ を満たすとしよう．

さて，V_1 上の Cartier 因子 $D_1, \cdots, D_{n-2}$，V 上の Cartier 因子 F に対して，

$$(E, D_1, \cdots, D_{n-2}, \varphi^*F) = 0.$$

証明　交点数型式(, …,)の多重加法性(II, §8.9)により，E を連結正因子としてよい．$\varphi(E)=p$ と書く．$j : E \subset V_1$ とおく．$j\cdot\varphi$ は $E \xrightarrow{\psi} p \hookrightarrow V$ と分解する．さて，II, §8.9 の議論を用いると，

$$\begin{aligned}(E, D_1, \cdots, D_{n-2}, \varphi^*F) &= (D_1 | E, \cdots, D_{n-2} | E, (\varphi^*F) | E)_E \\ &= (D_1 | E, \cdots, D_{n-2} | E, \psi^*(F | p)) = 0.\end{aligned}$$

最後の等式をもう少し説明しよう．$F|p$ は点 p 上の Cartier 因子だから 0．よって，$(\varphi^*F)|E=\psi^*(F|p)$ も 0．∎

系　補題の条件下で，さらに，φ は双有理，$\varphi(E_1), \cdots, \varphi(E_{n-1})$ は有限点集合，$\Delta_1, \cdots, \Delta_n$ は V 上の Cartier 因子，とするとき，

$$(\varphi^*\Delta_1+E_1, \cdots, \varphi^*\Delta_{n-1}+E_{n-1}, \varphi^*\Delta_n) = (\Delta_1, \cdots, \Delta_n). \qquad \text{——}$$

この系は，補題 3.9 から直ちに証明される．

c)　さて，定理 3.12 の証明を続ける．

$$(\mu_2{}^*D, \Phi_2{}^*H^{n-1}) = (\mu_2{}^*D, (\mu_2{}^*D-\nu\mu_1{}^*E-\mathcal{E})^{n-1})$$

に上の系を適用すれば，

$$\text{上式} = D^n > 0.$$

ところで，$\dim W=j<n-1$ と仮定するならば，任意の V_2 上の因子 F に対して，$(F, \Phi_2{}^*H^{n-1})=0$ である．したがって，上で証明したことにより，$\dim W \geqq n-1$ が示される．一方，D は退化因子なので $\dim W \leqq n-1$．よって $\dim W = n-1$．さて $d=H^{n-1}$ とおき，一般の点 $w \in W$ を選ぶと，$X=\Phi_2{}^{-1}(w)$ は1次元になる．一方，補題 3.9 の系をくり返し用いて，

$$\begin{aligned}D'^n &= (\mu^*D-\nu E)^n = ((\mu^*D-\nu E)^{n-1}, \mu^*D)-\nu((\mu^*D-\nu E)^{n-1}, E) \\ &= (\mu^*D)^n-\nu((\mu^*D-\nu E)^{n-2}, \mu^*D, E)+\nu^2((\mu^*D-\nu E)^{n-2}, E^2) \\ &= \cdots = (\mu^*D)^n+(-1)\nu^n E^n = D^n-\nu^n\end{aligned}$$

を得る．さて，重要な事実は，D' および $\mu_1{}^*D'$ が**半正値**(semi-positive)となることである．つぎの一般的考察をまず行う．

d)　II，定理 8.9(中井判定法)を思いおこそう．

V を n 次元完備代数的スキーム，D を X の Cartier 因子とする．D がアンプルになるための必要十分条件は，任意の閉部分スキーム $W \neq \phi$ について，$s=$

$\dim W$ とすると，

$$(D, \cdots, D\,;\, W) = (D\,|\,W)^s > 0. \qquad ——$$

さて，条件 $(D\,|\,W)^s>0$ を $(D\,|\,W)^s\geqq 0$ に弱めたいのだが，安易に $>$ を $\geqq$ でおきかえるだけでは成功しない．正値と半正値の距離は極めて大きいからである．反省して，ひとまず中井判定法の変形を試みる．

定理 3.13 中井判定法と同じ設定のもとに，任意の閉部分スキーム $W\neq\phi$ に対し，$D\,|\,W$ が W 上の Cartier 正因子の正有理数倍ならば，D はアンプル因子になる．

証明 D をアンプルと仮定する．$D\,|\,W$ もアンプルだから，$m\gg 0$ をとるとき $mD\,|\,W$ は W 上の超平面切断因子である．つぎに，逆を示す．条件は，部分スキームに移行しても保たれることに注意しよう．アンプル因子の諸性質によると，V は代数的多様体と仮定してよいことがわかる．V の次元についての帰納法を用いる．条件により，或る $m>0$ を選ぶと mD は V 上の正因子．便宜上 mD を D と書き直す．$D_1=D\,|\,D$ は D 上の Cartier 因子であり，$r>0$ について，完全系列

$$0 \longrightarrow \mathcal{O}((r-1)D) \longrightarrow \mathcal{O}(rD) \longrightarrow \mathcal{O}_D(rD_1) \longrightarrow 0$$

ができる．さて，帰納法の仮定によると D_1 はアンプル．そして，II，283 ページの証明をそのまま用いればよい．▮

もっとも，どうせ証明をまねるくらいならば，中井判定法の条件を確かめてもよいわけで，つぎのようにすればよい．

別証明 $\dim V$ について帰納法を組む．すると，$s=\dim W<\dim V$ となる W について，$D\,|\,W$ はアンプルになるから，当然，$(D\,|\,W)^s>0$．さて，$W=V$ のとき，仮定から D は正因子としてよい．そこで，$D^n=(D\,|\,D)^{n-1}$ を用いれば，$D\,|\,D$ はアンプルなので $D^n>0$．かくして，中井判定法が使えて，D もアンプル因子になる．▮

e) ともあれ，単純に中井判定法が適用できるわけでない．

定義 3.1 V 上の Cartier 因子 D がつぎの条件を満たすとする．条件：任意の閉部分多様体 W に対し，$D\,|\,W$ の或る正整数倍をつくると，それが W 上の正または 0 (自明) の Cartier 因子と線型同値となる．

このとき，D を**半正値因子**という．——

D が半正値という性質は，閉部分スキーム W の制限に対して保存される．その結果，帰納的に，$D^n \geqq 0$ がわかる．

補題 3.10　V を完備代数多様体とし，D を Cartier 因子とする．$\mathrm{Bs}\,|D|$ が空または有限集合のとき，D は半正値因子である．

証明　$W \subset V$ をとる．W が 0 次元ならば，$D|W=0$ は自明である．さて $\dim W>0$ とすると，$W \not\subset \mathrm{Bs}\,|D|$．よって，$|D|$ の元を一般に選ぶと $D|W$ は正因子となる．▌

補題 3.11　V を非特異完備代数多様体，D を V 上の素因子とし，$\nu=e(p, D)$ とおく．V を，点 p を中心に 2 次変換し，$\mu: V'=Q_p(V) \to V$ と書く．D の μ による強変換を D' と書こう．D が半正値ならば，D' も半正値になる．

証明　II，§7.30, e) の式：$D'=\mu^*D-\nu E$，$E=\mu^{-1}(p)$ を用いる．さて V' 内の閉部分多様体を W とする．

(1)　$W \subset E$ ならば，$\mu^*(D)|W=0$ であり，$E|W=E|E|W=-H|W$ (ここに H は $E \simeq \boldsymbol{P}^{n-1}$ の超平面因子) とみなせる．よって $D'|W=\nu H|W$．

(2)　$W \not\subset E$ ならば，$W_1=\mu(W)$ も s 次元で，$e(p, (D|W_1)) \geqq \nu$ だから，$D'|W=(\mu^*D)|W-\nu E|W=\mu^*(D|W_1)-\nu E|W$ は正因子になる．▌

補題 3.12　$\varphi: V' \to V$ を全射正則写像とし，$\dim V'=\dim V$ とする．D を V 上の半正値因子とすると，φ^*D も半正値因子である．

証明　$W' \subset V'$ を閉部分多様体とする．$W=\varphi(W')$，$\varphi_1=\varphi|W$ とおくと，$\varphi^*(D)|W'=\varphi_1{}^*(D|W)$．これも 0 または正因子である．▌

f)　つぎの定理 3.14 による半正値因子の処理はしばしば有用である．

定理 3.14　V_1 を非特異完備代数多様体とし，D_1 を V_1 上の半正値因子とする．$D_1>0$ とし，$\mathrm{codim}\,\mathrm{Bs}\,|D_1| \geqq 2$ としよう．D_1 に付属した有理写像 Φ_1 の不確定点を，2 次変換の合成 $\mu: V_2 \to V_1$ によって除去する(図式 3.5)．そこで，$\mathcal{E}=|\mu^*D_1|_{\mathrm{fix}}$ と書くと，$\mu^*D_1=D_2+\mathcal{E}$ よりきまる正因子 D_2 の底点はなくなる．このとき $F=\mu^*D_1$ は半正値因子(補題 3.12)，D_2 も半正値因子(補題 3.11)である．

$$\begin{array}{ccc} \mathcal{E} & \longrightarrow & \mu(\mathcal{E}) \\ \cap & & \cap \\ V_2 & \xrightarrow[\mu]{} & V_1 \\ {\scriptstyle \Phi_2}\downarrow & & \\ W & & \end{array}$$

図式 3.5

さて，つぎの不等式が成り立つ：

$$F^n = (F^{n-1}, D_2) \geqq (F^{n-2}, D_2{}^2) \geqq (F^{n-3}, D_2{}^3) \geqq \cdots \geqq D_2{}^n.$$

証明 $F^n=(F^{n-1}, \mathcal{E})+(F^{n-1}, D_2)$ である．$(F^{n-1}, \mathcal{E})=(F\,|\,\mathcal{E})^{n-1}=((\mu^*D_1)\,|\,\mathcal{E})^{n-1}=(\mu^*(D_1\,|\,\mu(\mathcal{E})))^{n-1}=0$ だから，はじめの等号は当然である．つぎに，$(F^{n-1}, D_2)=(F^{n-2}, \mathcal{E}, D_2)+(F^{n-2}, D_2{}^2)$ を観察する．$(F^{n-2}, \mathcal{E}, D_2)=(F^{n-2}\,|\,\mathcal{E}, D_2\,|\,\mathcal{E})$ とみる．D_2 は半正値だから，$m>0$ を掛けると，$mD_2\,|\,\mathcal{E}$ は0または正の因子 Y で表される．

$$(F^{n-2}\,|\,\mathcal{E}, Y) = (F^{n-2}\,;\, Y) = (F\,|\,Y)^{n-2}.$$

一方，F が半正値ならば $F\,|\,Y$ も半正値．ゆえに $(F\,|\,Y)^{n-2}\geqq 0$．順次この操作をくり返すと，目的の式を得る．▮

g) それゆえ，定理3.12の証明，すなわちc)の議論を続けると，

$$\begin{aligned} D'^n &\geqq (\mu_1{}^*D', \Phi_2{}^*H^{n-1}) = (\mu_1{}^*(\mu^*D-\nu E), \Phi_2{}^*H^{n-1}) \\ &= (\mu_2{}^*D, \Phi_2{}^*H^{n-1})-\nu(\mu_1{}^*E, \Phi_2{}^*H^{n-1}) = D^n-\nu d(\mu_1{}^*E, X). \end{aligned}$$

一方，$D^n-\nu^n=D'^n$ だから，$(\mu_1{}^*E, X)>0$ が導かれた．さらに，

$$\begin{aligned} D^n &= (\mu_2{}^*D, \mu_2{}^*D^{n-1}) = (\mu_2{}^*D, \Phi_2{}^*H^{n-1}) = (\Phi_2{}^*H+\mathcal{E}+\nu E, \Phi_2{}^*H^{n-1}) \\ &= (\mathcal{E}, \Phi_2{}^*H^{n-1})+\nu d(\mu_1{}^*E, X) \geqq \nu d(\mu_1{}^*E, X) \geqq 2d. \end{aligned}$$

(W, H) について Δ 不等式を用いると，

$$0 \leqq \Delta(W, H) = n-1+d-\dim H^0(D).$$

$\Delta(V, D)=n+D^n-\dim H^0(D)$ を代入して，

$$0 \leqq \Delta(W, H) = d-1+\Delta(V, D)-D^n.$$

かくして，$d=H^{n-1}\geqq D^n+1-\Delta(V, D)$ を得る．これを前に得た $D^n\geqq 2d$ に入れ，

$$D^n \geqq 2D^n+2-2\Delta(V, D).$$

よって，

$$2\Delta(V, D)-2 \geqq D^n.$$

これは定理3.12の仮定(ロ)に反する．▮

h) ずいぶんページをとられてしまったが，証明の準備に手間をとられたためである．証明のアイディアは簡明で，類似の考察に有効である．定理3.12の条件(イ)，(ロ)，(ハ)を満たす例として，$\Delta(V, D)=1$ なる偏極多様体 (V, D) をあげることができよう．なぜならば，Δ 不等式により，$\mathrm{Bs}\,|D|$ は有限集合になるし，$D^n\geqq 1=2\cdot 1-1=2\Delta(V, D)-1$ だから(ハ)の退化条件を除けばみな満たされて

しまう．しかも結論自身は(ハ)なしに成立する．すなわち，次節定理3.15が証明される．

注意　a)においては，$n=1$ のときをまず証明した．実は，この場合，非特異性定理は条件(ハ)なしに成立する．詳しく書くと，つぎの通りである．

C を非特異完備代数曲線とし，$g=g(C)$ とおく．D 上の正因子 D が，

$$\deg D \geqq 2\Delta(C, D)-1$$

を満たすならば，$\mathrm{Bs}\,|D|=\phi$ または $p\in \mathrm{Bs}\,|D|$ をとるとき，

$$\mathrm{Bs}\,|D-p|=\phi.$$

とくに $|D|$ の一般の元に重複成分がない．

[証明]　II，定理6.8の証明で，

$$\deg D \geqq 2\Delta(C, D) \quad ならば \quad \mathrm{Bs}\,|D|=\phi$$

が示されていた．よって，$\deg D=2\Delta(C, D)-1$ かつ $p\in \mathrm{Bs}\,|D|$ としてよい．$D=D_1+p$ と D_1 を定めると，$l(D)=l(D_1)$ により，$\Delta(C, D)=\Delta(C, D_1)+1$ かつ $\deg D=\deg D_1+1$. ゆえに $\deg D_1=\Delta(C, D_1)$ を得る．したがって，II，定理6.8(i)* により，$\mathrm{Bs}\,|D_1|=\phi$. ▮

この注意は，定理3.18において完全に一般化される．

§3.12　非特異性定理　その2

a)　**定理3.15**　(V, D) を非特異偏極多様体とする．$\Delta(V, D)=1$ のとき，$|D|$ の一般の元 D は非特異である．

証明　定理3.12により，D は非退化としてよい．そして，その証明と同様に，p を一般の元 D の ν 位の特異点とする．$\nu\geqq 2$ であり，$\mu: V_1=Q_p(V)\to V$ とおき，さらに，$\mu^*D=D_1+\nu E$ (ただし $E=\mu^{-1}(p)$) とおくのも同様である．$|D_1|$ に付属した有理写像 $\Phi_1: V_1\to W=\Phi_1(V_1)$ の不確定点を2次変換の合成 $\mu_1: V^*\to V_1$ により除去する．かくして，半正値因子 D_1 および $\mu_1{}^*D_1$ を得る．W は仮定により n 次元であり，W の超平面因子 H を $\Phi_2=\Phi_1\cdot\mu_1$ でひき戻す $(\Phi_2{}^*H)$ とき，$\mu_1{}^*D_1=\Phi_2{}^*H+\mathcal{E}$ となる正因子 $\mathcal{E}$ が存在する．そこで，$D^*=\Phi_2{}^*H$, $d^*=D^{*n}$, $d=D^n$ と書くと，定理3.14によって

$$(*)\qquad d^* \leqq (\mu_1{}^*D_1)^n = D_1{}^n = D^n-\nu^n = d-\nu^n.$$

一方,

$$\Delta(W, H) = \dim W+H^n-\dim H^0\mathcal{O}(H) = n+d^*-\dim H^0\mathcal{O}(D),$$

$$\Delta(V, H) = n+d-\dim H^0\mathcal{O}(D)$$

によると，Δ 不等式 $\Delta(W, H)\geqq 0$ を用いて,

$$1=\varDelta(V,D)\geqq\varDelta(V,D)-\varDelta(W,H)=d-d^*.$$

かくして $d-1\leqq d^*$. 式(∗)と合せて

$$d-1\leqq d^*\leqq d-\nu^n$$

を得るから, $\nu=1$ となった. ∎

b) 一般の元 D はスキームとみて非特異なのだから, もし D が可約ならば, D は非連結になる. 一方, D はアンプル因子であり, これは連結性原理に反する. よって D は非特異既約となる.

§3.13 $n=\dim V=1$, $\varDelta(V,D)=1$ のとき

a) ところで, $n=1$, $\varDelta(V,\mathfrak{d})=0$ のとき $V=\boldsymbol{P}^1$ であり, $\mathfrak{d}$ は V 上の正因子となるのであった. $n=1$, $\varDelta(V,D)=1$ のときはどうであろうか. $\varDelta(V,D)=1$ を書きかえると,

$$l(D)=\deg D.$$

さて, Clifford の定理(II, 定理6.5)によれば, さらに $l(K-D)>0$ とすると, $2(l(D)-1)\leqq\deg D$. よって仮定により $\deg D=1$ または 2. さて,

$$\deg D=1,\quad V\neq\boldsymbol{P}^1\quad \text{ならばむろん}\quad l(D)=1$$

が成り立ち, このとき $\varDelta(V,D)=1$.

$\deg D=2$, $l(D)=2$ が成立するのは, $g(V)=1$, または, V が超楕円曲線であって, その2重分岐写像を $f: V\to\boldsymbol{P}^1$ (II, §6.6) と表すとき, $D=f^*(p)$ となる場合に限る.

最後に, $l(K-D)=0$ としよう. Riemann-Roch の定理によれば, $l(D)=1-g+\deg D$ $(g=g(V))$. よって, $g(V)=1$. かくして, つぎの分類を得る.

定理3.16 $n=1$, $\varDelta(V,D)=1$ のときの (V,D) はつぎの通り:

(i) V は楕円曲線, D は正因子,

(ii) $g(V)\geqq2$, V は超楕円曲線で, その2重分岐写像 $f: V\to\boldsymbol{P}^1$ により, $D=f^*(p)$ と書ける,

(iii) $g(V)\geqq2$, $D=p$ と書ける. ——

b) 一言にしていえば, $\varDelta(V,D)=1$ と条件づけるとき, V または D が非常に制約されるというのである.

そして, $n=\dim V\geqq2$ のとき, 条件 $\varDelta(V,D)=1$ は1次元の場合に比し強い

条件になるともみなされうるのである．実際，$D^n \geqq 3$ のとき $g(V, D)=1$ しか起きないことが証明される(定理3.17)．一方，$D^n \leqq 9$ となるのである．

§3.14　断面種数定理

a)　**定理 3.17**　(V, D) を $D^n \geqq 3$ かつ $\Delta(V, D)=1$ の非特異偏極多様体とすると，$g(V, D)=1$ が成り立つ．

証明　$n-1$ のときを仮定し，$n(\geqq 2)$ のときを示す．前の定理で保証された $|D|$ の非特異既約成分を D とし $D_1 = D|D$ とおく．すると，補題3.3により，$\Delta(D, D_1) \leqq \Delta(V, D)=1$．よって $\Delta(D, D_1)=1$ または0．$\Delta(D, D_1)=0$ のとき，定理3.6(ii)により，$H^1(\mathcal{O}_D)=0$．一方，D がアンプル因子なので，(小平の消失定理)補題3.2により，$H^1(\mathcal{O}(-D))=0$．慣用の完全系列

$$\longrightarrow H^1(\mathcal{O}(-D)) \longrightarrow H^1(\mathcal{O}_V) \longrightarrow H^1(\mathcal{O}_D)$$

によると，$H^1(\mathcal{O}_V)=0$．したがって補題3.3によると，

$$0 = \Delta(D, D_1) = \Delta(V, D) = 1.$$

これは矛盾である．よって $\Delta(D, D_1)=1$．さて $g(V, D)=g(D, D_1)$ だったから帰納法の仮定：$g(D, D_1)=1$ によると，$g(V, D)=1$．∎

b)　$n=\dim V=1$ のとき $g(V)=1$ ならば，$K(V)=0$ である．$n \geqq 2$ のとき $g(V, D)=1$ を仮定しただけでは，何も一般にはわからない．しかし，さらに $\Delta(V, D)=1$ を仮定すれば，完全な類似が成立する．

定理 3.18　(V, D) を非特異偏極多様体とする．$\Delta(V, D)=g(V, D)=1$ のとき $n=\dim V \geqq 2$ とすると，$K(V)+(n-1)D=0$．逆も正しい．

証明　(1)　$n=2$ のときをまず考察する．C を $|D|$ の一般の元とすると，定理3.15により，C は非特異代数曲線になる．$g(C, D|C)=g(V, D)=1$ により，$\pi(C)=1$．D はアンプルだから，$H^1(D+K)=0$．よって，

$$\dim H^1(-C) = \dim H^1(-D) = \dim H^1(D+K) = 0.$$

さて，$H^1(\mathcal{O}_V)=0$ である．なぜなら，$q(V) \geqq 1$ を仮定すると，完全系列

$$\begin{array}{l} H^1(-C) \longrightarrow H^1(\mathcal{O}_V) \longrightarrow H^1(\mathcal{O}_C) \longrightarrow H^2(\mathcal{O}(-C)) \longrightarrow H^2(\mathcal{O}_V) \longrightarrow 0 \\ \quad \| \\ \quad 0 \end{array}$$

によって，

$$q(V)=\dim H^1(V,\mathcal{O}_V)\leqq\dim H^1(C,\mathcal{O}_C)=\pi(C)=1.$$

一方，定理3.10により，閉埋入 $\iota: C\to V$ は全射 $\iota_*: H_1(C,\boldsymbol{Z})=\boldsymbol{Z}^2\to H_1(V,\boldsymbol{Z})$ をひきおこす．$H_1(V,\boldsymbol{Z})$ の階数は2であったから，ι_* は同型になる．よって，C と V との Albanese 写像 $\alpha_C: C\simeq\mathcal{A}_C$，$\alpha_V: V\to\mathcal{A}_V$ を考えると，ι は同型：$\mathcal{A}_C\simeq\mathcal{A}_V$ をひきおこすことがわかる．すなわち，$\mathcal{A}_V$ と C を同一視するとき，$\alpha_V: V\to C$ を得，この正則切断の像として，V 内の C が見直される．これより，V が C 上の $\boldsymbol{P}^1$ 束となることがわかり，さらに C 上の階数2のベクトル束の理論により矛盾が導けるのだが，詳細は略す．

(2)　$n\geqq 3$ のときも $\dim H^1(\mathcal{O}_V)=0$．なぜなら，補題3.3によると，$\Delta(D,D_1)\leqq\Delta(V,D)=1$．$\Delta(D,D_1)=0$ ならば，定理3.6 (ii) によって，$\dim H^1(\mathcal{O}_D)=0$．さらに D はアンプルだから，$\dim H^1(V,\mathcal{O}(-D))=\dim H^{n-1}(V,\mathcal{O}(K(V)+D))=0$．よって，補題3.3により，

$$\Delta(V,D)-\Delta(D,D_1)\leqq\dim H^1(\mathcal{O}_V)\leqq 0.$$

したがって，$\Delta(D,D_1)=1$．これは矛盾である．さて $\Delta(D,D_1)=1$ のとき $\dim D=n-1\geqq 2$ なので，$\dim V$ についての帰納法を用いると，$\dim H^1(\mathcal{O}_D)=0$．再び補題3.3によって，$\dim H^1(\mathcal{O}_V)\leqq 0$．

(3)　さて，定理の条件に戻る．D を $|D|$ の一般元とすると，$K(D)=(K(V)+D)|D$ であった．よって，完全系列

$$0\longrightarrow\mathcal{O}(K(V)+(n-2)D)\longrightarrow\mathcal{O}(K(V)+(n-1)D)$$
$$\longrightarrow\mathcal{O}(K(D)+(n-2)D_1)\longrightarrow 0$$

ができる．これにより，完全系列

$$H^0(K(V)+(n-1)D)\longrightarrow H^0(K(D)+(n-2)D_1)$$
$$\longrightarrow H^1(K(V)+(n-2)D)$$

を得る．$H^0(K(V)+(n-1)D)\neq 0$ を n についての帰納法で示そう．

$n=1$ ならば，$g(V)=1$ より $H^0(K(V))=k\neq 0$．$n-1$ のときをいいかえると，$H^0(K(D)+(n-2)D_1)\neq 0$．一方，$n=2$ ならば，$H^1(K(V))=H^1(\mathcal{O}_V)=0$ は (1) で示された．さらに $n\geqq 3$ ならば，$(n-2)D$ はアンプルだから，小平の消失定理が使えて，$H^1(K(V)+(n-2)D)=0$．よって，$H^0(K(V)+(n-1)D)\neq 0$ を得る．さて

$$0=2g(V,D)-2=((K(V)+(n-1)D),D^{n-1})$$

なのだから，$K(V)+(n-1)D=0$. この逆は定理3.5である．∎

§3.15　$n=\dim V=2$, $\varDelta(V,D)=g(V,D)=1$ の構造 (Del-Pezzo 曲面)

a)　さて，$\varDelta(V,D)=g(V,D)=1$ を満たす曲面 V の構造を調べよう．定理3.18により，$-K(V)=D$. よって $-K(V)$ はアンプル．これにより V は有理曲面になる(III, 定理10.25)．さて，V に第1種例外曲線 E があるとしよう．E をIII, 定理9.15により，非特異点 p につぶして，曲面 $V^\flat$ を得る．すなわち，2次変換 $\mu: V=Q_p(V^\flat)\to V^\flat$ を得る．$K(V)=\mu^*K(V^\flat)+E$ であり，$(E,D)=-(E,K(V))=1$ により，$K(V^\flat)$ に因子 $D^\flat$ が存在して，$D=\mu^*(D^\flat)-E$ となっている．$D^2=D^{\flat 2}-1$ であり，$K(V^\flat)+D^\flat=0$ を満たす．$D^\flat$ はアンプル因子になる．実際，$V^\flat$ 上の代数曲線 X をとると，$(\mu^*X,E)=0$ により，

$$(X,D^\flat)=(\mu^*X,\mu^*D^\flat)=(\mu^*X,D)>0.$$

そこで中井判定法(II, 定理8.9)を用いればよい．よって，$(V^\flat,D^\flat)$ は偏極曲面であって $K(V^\flat)+D^\flat=0$ を満たすから，定理3.5により，$\varDelta(V^\flat,D^\flat)=g(V^\flat,D^\flat)=1$, その上，$D^{\flat 2}=D^2+1>0$. このようにして，$V$ 上の第1種例外曲線をなくしてしまうことができる．

b)　かくして，はじめから V は相対的極小有理曲面と仮定してよいことがわかった．よって $V=\boldsymbol{P}^2$, $\boldsymbol{P}^1\times\boldsymbol{P}^1$ を除くと，V 内に $C^2<0$, $C\cong\boldsymbol{P}^1$ を満たす曲線 C が存在する．このとき，

$$-2=2\pi(C)-2=C^2+(K(V),C)$$

であって，$(K(V),C)<0$ を仮定すると，C は第1種例外曲線になる．したがって，$(K(V),C)\geqq 0$. 一方，$K(V)=-D$ だから，$(K(V),C)=-(D,C)<0$. かくして，矛盾した．すなわち，

$$V=\boldsymbol{P}^2\quad\text{または}\quad\boldsymbol{P}^1\times\boldsymbol{P}^1.$$

そして，$D=-K(V)$ なのだから，

$V=\boldsymbol{P}^2$ のとき $D=3H$,　　　　よって $D^2=9$,

$V=\boldsymbol{P}^1\times\boldsymbol{P}^1$ のとき $D=2H_1+2H_2$,　　よって $D^2=2\cdot 4\cdot(H_1,H_2)=8$.

ここに $H_1=p_1\times\boldsymbol{P}^1$, $H_2=\boldsymbol{P}^1\times p_2$ とした．

一般の $(V,\varDelta)$ は，$\boldsymbol{P}^2$, $\boldsymbol{P}^1\times\boldsymbol{P}^1$ を基にして，2次変換を重ねてつくれるから，$D^2=9-\alpha$ または $8-\beta$ $(\alpha,\beta\geqq 0)$ である．

c) もう少し詳しく考察しよう．b) の推論中において，$C=\boldsymbol{P}^1$，$C^2<0$ の曲線をとると，C は第1種例外曲線になることが示されている．実際，V に第1種例外曲線のあるとき，$(C, K(V))=-(C, D)<0$ なのだから．

このことは，(V, D) を2次変換でつくるとき，2次変換すべき曲面 $V^\flat$ 上の第1種例外曲線上に中心をもつ2次変換はできないことを意味している．

$D^2=7$ のときを考える．$Q_p(\boldsymbol{P}^2)$ の例外曲線の外に中心 q をもつ2次変換をする：$V=Q_qQ_p(\boldsymbol{P}^2)$．このとき，$K(V)=-3H+E_p+E_q$ は明らかにアンプルである．一方，$p=(p_1, p_2)\in\boldsymbol{P}^1\times\boldsymbol{P}^1$ をとってみる．p を通る $H_1=p_1\times\boldsymbol{P}^1$，$H_2=\boldsymbol{P}^1\times p_2$ をとる．その強変換を H_1', H_2' で示すと，$H_1'^2=H_2'^2=0-1=-1$．よって，E_p, H_1', H_2' と3本の第1種例外曲線ができる（図3.2）．これは $Q_qQ_p(\boldsymbol{P}^2)$ 内の3個の第1種例外曲線 E_p, E_q, H'' と類似している．実際に，まず，H_2' を非特異点につぶすと，$H_1'\cap H_2'=\phi$ だから依然として H_1' は第1種例外曲線である．そこで，H_1' をつぶすと，E_p の像が $\boldsymbol{P}^2$ の直線になる．かくて，

$$Q_qQ_p(\boldsymbol{P}^2)=Q_p(\boldsymbol{P}^1\times\boldsymbol{P}^1).$$

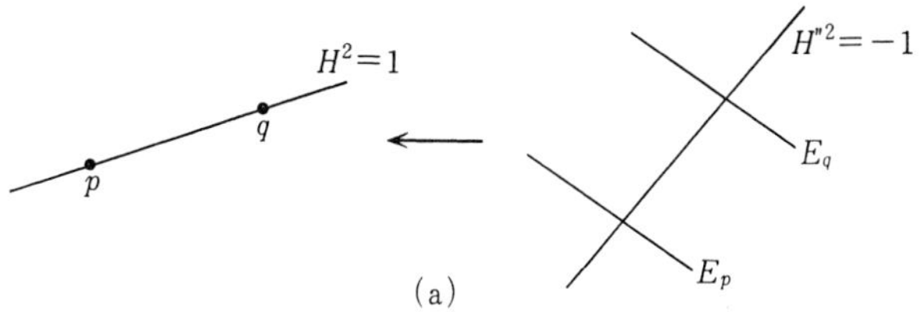

(a)

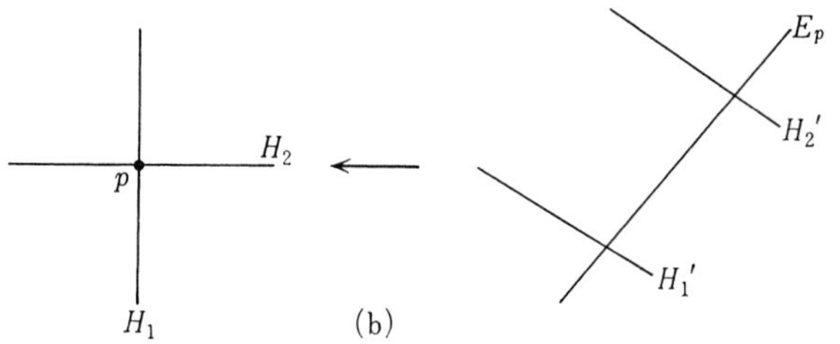

(b)

図3.2

同様の考察により，$D^2=6$ の (V, D) は，$\boldsymbol{P}^2$ 上の共線関係にない点 p, q, r で2次変換して $\boldsymbol{P}^2$ から得られることがわかる．$D^2=5$ は共線関係にない4点の2次変換より得られる．そして，$\boldsymbol{P}^2$ 内の共線関係にない4点は，$\boldsymbol{P}^2$ 内の1次変換

で移りあう．すなわち，$\boldsymbol{P}^2$ の射影座標 $X_0:X_1:X_2$ を考え，$p=(0:1:0)$，$q=(0:0:1)$，$r=(1:0:0)$，$s=(1:1:1)$ とおくとき，$V=Q_sQ_rQ_qQ_p(\boldsymbol{P}^2)$ と書ける．この意味において，$D^2=5, 6, 9$ の (V, D) はただ一つであり，$D^2=8$ のときに，(V, D) は2個存在する，といってよい．

d)　定理 3.19 (Del-Pezzo)　$n=2$，$\varDelta(V, D)=1$，$D^2\geqq 3$ を満たす V はつぎの通り：

$D^2=9$ ならば $V=\boldsymbol{P}^2$，$D=3H$，

$D^2=8$ ならば $V=\boldsymbol{P}^1\times\boldsymbol{P}^1$，$D=2(H_1+H_2)$

または $V=Q_p(\boldsymbol{P}^2)$，$D=-3H+E_p$，

$D^2=7$ ならば $V=Q_qQ_p(\boldsymbol{P}^2)$，$D=-3H+E_p+E_q$，

$D^2=6$ ならば $V=Q_rQ_qQ_p(\boldsymbol{P}^2)$，$D=-3H+E_p+E_q+E_r$，

$D^2=5$ ならば $V=Q_sQ_rQ_qQ_p(\boldsymbol{P}^2)$，$D=-3H+E_p+E_q+E_r+E_s$，

$D^2=4$ ならば V は $\boldsymbol{P}^4$ 内の2個の2次超曲面 Q_1, Q_2 により $V=Q_1\cap Q_2$ と表せる，D は超平面切断因子，

$D^2=3$ ならば V は $\boldsymbol{P}^3$ 内の3次曲面，D は超平面切断因子．——

なお，$D^2=3$ のときの主張は後に一般化して示される．$D^2=4$ については，省略する．

e)　$D^2=6$ となる V を別の仕方で構成しよう．

$$X=\boldsymbol{P}^1\times\boldsymbol{P}^1\times\boldsymbol{P}^1,$$
$$H_1=p\times\boldsymbol{P}^1\times\boldsymbol{P}^1,\quad H_2=\boldsymbol{P}^1\times p\times\boldsymbol{P}^1,\quad H_3=\boldsymbol{P}^1\times\boldsymbol{P}^1\times p$$

とおく．$H_1+H_2+H_3$ は超平面切断因子だから，$|H_1+H_2+H_3|$ の一般元 V をとると，V は非特異曲面．つぎは自明であろう．

$$K(X)=-2H_1-2H_2-2H_3,$$
$$K(V)=(K(X)+H_1+H_2+H_3)\,|\,V=-V\,|\,V.$$

したがって $-K(V)$ は超平面切断因子．かつ，

$$(-K(V))^2=V^3=(H_1+H_2+H_3)^3=6(H_1, H_2, H_3)=6.$$

同様にして，

$$X=\boldsymbol{P}^1\times\boldsymbol{P}^2,\qquad H_1=p\times\boldsymbol{P}^2,\qquad H_2=\boldsymbol{P}^1\times h$$

(h は $\boldsymbol{P}^2$ の直線因子)とおくと，H_1+2H_2 は超平面切断因子になる．よって，$|H_1+2H_2|$ の一般元を V とおけば，

$$K(X) = -2H_1 - 3H_2, \qquad K(V) = -(H_1+H_2)\,|\,V$$

となる.

$$(-K(V))^2 = ((H_1+H_2)^2, H_1+2H_2) = (H_2{}^2, H_1) + 2\cdot 2\cdot (H_1, H_2{}^2) = 5.$$

§3.16 非特異性定理 その3

定理 3.20 (V, D) を非特異偏極多様体で，（イ）$\mathrm{Bs}\,|D|$ は有限集合，（ロ）$D^n \geqq 2\varDelta(V, D) - 1$，（ハ）$g(V, D) \geqq \varDelta(V, D)$ を満たすとする．このとき，$|D|$ の一般の元は非特異である．

証明 (1) $|D|$ が退化しているときは，定理3.12で示されている．よって，$|D|$ は非退化，すなわち，$\Phi_D(V)$ の次元が V の次元と等しいと仮定してよい．$n=\dim V$ とおく．さて，$|D|$ の一般の元をまた D で示すとき，$|D|$ は非退化だから，D は既約であり，Bertini の定理(II, §7.20)により，$\mathrm{Sing}\,D \subset \mathrm{Bs}\,|D|$．$\mathrm{Sing}\,D \neq \phi$ として矛盾を導く．

(2) $p \in \mathrm{Sing}\,D$ をとって，ν を D の p での重複度 $e(p, D)$ とおく．$\mu: V_1 = Q_p(V) \to V$ を p での2次変換とし，D の強変換を D_1 と書く．すると，$\mu^*D = D_1 + \nu E$, $E = \mu^{-1}(p)$．D は $|D|$ の一般の元だから，$|D_1| = \{\mu^*D' - \nu E\,;\, D' \in |D|\}$ である．$|D_1|$ に付属する有理写像 Φ_1 は $\Phi_D \cdot \mu$ となる．Φ_1 に不確定点がなくなるまで，2次変換をくり返し，ついに V_l, $\mu': V_l \to V_1$ および正因子 D_l を得る．それらはつぎの条件を満たす．$\mu'^*D_1 = D_l + \mathcal{E}$ とおくと，$\mathcal{E}$ は正因子で μ' に関し例外的である．$\mathrm{Bs}\,|D_l| = \phi$, D_l に付属した有理写像 $\Phi_l = \Phi_1 \cdot \mu'$ は正則写像である．$\Phi_l(V_l) = \Phi_D(V) = W$ とおいて，W の或る超平面切断因子 H をとると，$D_l = \Phi_l{}^*(H)$ と書ける．さらに

$$D_l{}^n - \varDelta(V_l, D_l) = \dim H^0(D_l) - n = \dim H^0(D) - n = D^n - \varDelta(V, D)$$

および

$$D_l{}^n \leqq (D_l + \mathcal{E})^n = D_1{}^n = D^n - \nu^n \leqq D^n - 4$$

に注意しよう．左の不等式は，D_l および $D_l + \mathcal{E}$ が半正値因子だから当然である(補題3.11, 3.12)．

(3) また，仮定 $D^n \geqq 2\varDelta(V, D) - 1$ によると，

$$D_l{}^n - \varDelta(V_l, D_l) = D^n - \varDelta(V, D) \geqq \varDelta(V, D) - 1.$$

さらに，

$$\Delta(V,D)-1 = D^n-(D^n-\Delta(V,D))-1$$
$$> D_l{}^n-(D^n-\Delta(V,D)) = \Delta(V_l,D_l).$$

ゆえに,

$$(\dagger) \qquad D_l{}^n \geqq 2\Delta(V_l,D_l)+1.$$

そこでつぎの補題を利用しよう.

補題 3.13　(V,D) を非特異準偏極多様体, $\mathrm{Bs}\,|D|=\phi$ かつ D は非退化因子とする. このとき,

$$D^n \geqq 2\Delta(V,D)+1 \quad \text{ならば} \quad \Delta(V,D) \geqq g(V,D).$$

証明　$n=1$ のときは, II, 定理 6.8 (iii) の証明をみればよい. 詳しくいうと, そこでは,

$$\deg D \geqq 2\Delta(V,D)+1 \quad \text{ならば} \quad g(V) = \Delta(V,D)$$

が示され, したがってわれわれの主張は正しい.

つぎに $n-1$ のときを仮定して, n のときを証明しよう. $|D|$ の一般の元は非特異であり, さらに既約である. なぜなら $\Phi_D(V)$ も n 次元だからである. そこで $D_1=D|D$ とおくと, $\mathrm{Bs}\,|D_1|=\phi$, D_1 は非退化, $D_1{}^{n-1}=D^n$ が成り立ち, さらに, 補題 3.3 の証明をまねて, $\Delta(D,D_1) \leqq \Delta(V,D)$ を得る. したがって $D_1{}^{n-1}=D^n \geqq 2\Delta(V,D)+1 \geqq 2\Delta(D,D_1)$. 帰納法の仮定を (D,D_1) に用いると,

$$\Delta(D,D_1) \geqq g(D,D_1)$$

を得る. $g(V,D)=g(D,D_1)$ (§3.1, 公式 3.2), $\Delta(V,D) \geqq \Delta(D,D_1)$ により

$$\Delta(V,D) \geqq \Delta(D,D_1) = g(D,D_1) = g(V,D).$$

かくて, $\Delta(V,D) \geqq g(V,D)$ が示された. ∎

さて, 定理 3.20 の証明に戻ろう. (†) により上の補題を用いて, $\Delta(V_l,D_l) \geqq g(V_l,D_l)$ を得る.

(4)　こんどは, $|D_l|$ の一般元をあらためて V' と書くことにしよう. $\mathrm{Bs}\,|D_l|=\phi$, そして D_l は非退化だから, V' は非特異代数多様体である. 1 次系 $|D_l|$ を V' に制限して 1 次系 Λ' を得る. すなわち

$$\Lambda' = |D_l|\,|V' \quad (=\mathrm{Tr}_{V'}|D_l|)$$

とおくと, $\mathrm{Bs}\,\Lambda'=\mathrm{Bs}\,|D_l| \cap V'=\phi$. そこで Λ' は非退化 1 次系だから, Λ' の一般の元 V'' は非特異既約である. これをつづけて, つぎのように非特異部分多様体の列

$$V_l \supset V' \supset V'' \supset \cdots \supset V^{(j)} \supset \cdots \supset V^{(n-2)}$$

が構成できる．$\dim V^{(j)}=n-j\geqq 2$ であり，$V^{(j)}$ は $|D_l|\,|\,V^{(j-1)}$ の一般の元なのである．

(5) この列を $\mu=\mu_1\cdot\mu'\colon V_l\to V$ により V 上に落とす．V を $M^{(0)}$，D を M' と書くことにし，さらに $M''=\mu(V''),\cdots,M^{(j)}=\mu(V^{(j)}),\cdots$ と書こう．さて，$\mu\,|\,\{V_l-\mu^{-1}(\mathrm{Bs}\,|D|)\}$ は同型だから，$V^{(j)}\to M^{(j)}$ も $\mathrm{Bs}\,|D|\cap M^{(j)}$ 上の点を除くと同型である．よって，$\mathrm{Sing}\,(M^{(j)})$ は有限集合である．$M^{(j)}$ は V の部分多様体で，$n-j$ 個の式の零点として定義されているから，定理 1.10 の注意が使え，したがって $\dim M^{(j)}\geqq 2$ ならば正規性判定定理 (I，定理 2.8) を使える．よって，$M^{(j)}$ は正規多様体となる．とくに $M^{(n-2)}$ は正規代数曲面である．$\tilde{\mu}_j=\mu\,|\,V^{(j)}$ とおくと，$\tilde{\mu}_j$ は双有理正則写像，かつ $M^{(j)}$ が正規だから

$$\tilde{\mu}_{j*}(\mathcal{O}_{V^{(j)}})=\mathcal{O}_{M^{(j)}}.$$

(6) さて，$p>0$ に対して，つぎの消失定理が成立する．

$$R^p\tilde{\mu}_{j*}(\mathcal{O}_{V^{(j)}})=0.$$

これを (11) までかかるが，j についての帰納法で示そう．$j=0$ のとき，$V^{(0)}=V_l$ と考えられ，II，定理 7.36 から直ちに結論される．$j-1$ まで成立していると仮定し，j の場合を考えよう．$\mathfrak{d}=D_l\,|\,V^{(j-1)}$ と書くと，完全系列

$$0\longrightarrow\mathcal{O}_{V^{(j-1)}}(-\mathfrak{d})\longrightarrow\mathcal{O}_{V^{(j-1)}}\longrightarrow\mathcal{O}_{V^{(j)}}\longrightarrow 0$$

ができる．コホモロジー群の長完全系列に移ると，

$$\longrightarrow H^p(V^{(j-1)},\mathcal{O}(-\mathfrak{d}))\longrightarrow H^p(V^{(j-1)},\mathcal{O})\longrightarrow H^p(V^{(j)},\mathcal{O})$$
$$\longrightarrow H^{p+1}(V^{(j-1)},\mathcal{O}(-\mathfrak{d}))\longrightarrow\cdots\quad(\text{完全})$$

ができる．$\mathfrak{d}$ はアンプルだから，$p<\dim V^{(j-1)}=n+1-j$ のとき，補題 3.2 (小平の消失定理) により，

$$H^p(V^{(j-1)},\mathcal{O}(-\mathfrak{d}))=0.$$

(7) 今度は，$g(V_l,D_l)$ を計算しよう．

$$2g(V_l,D_l)-2=(K(V_l)+(n-1)D_l,\,D_l^{\,n-1})=(K(V^{(j-1)})+(n-j)\mathfrak{d},\,\mathfrak{d}^{n-j}).$$

すなわち，$\dim V^{(j-1)}=n-j+1$ だから，II，定理 5.7 の同伴公式をくり返し適用すればわかるように，

$$K(V^{(j-1)})=(K(V_l)+(j-1)D_l)\,|\,V^{(j-1)}=K(V_l)\,|\,V^{(j-1)}+(j-1)\mathfrak{d}$$

が成立するからである．(3) の (†) と (3) の末尾の式によって，

$$2g(V_l, D_l) \leqq 2\Delta(V_l, D_l) < D_l{}^n = \mathfrak{d}^{n-j+1}.$$

これによると，

$$(K(V^{(j-1)}) + (n-j-1)\mathfrak{d}, \mathfrak{d}^{n-j}) < 0.$$

さて，$\dim V^{(j)} \geqq 2$ により $n-j \geqq 2$. よって，$n-j-1>0$. かくして

$$(*) \qquad (K(V^{(j-1)}) + \mathfrak{d}, \mathfrak{d}^{n-j}) < 0.$$

Serre の双対律によると，

$$\dim H^{n-j+1}(V^{(j-1)}, \mathcal{O}(-\mathfrak{d})) = \dim H^0(V^{(j-1)}, \mathcal{O}(K(V^{(j-1)}) + \mathfrak{d})).$$

(∗)の不等式により，$\mathfrak{d}$ はアンプルだから上式右辺は0になる．かくして，すべての p について

$$H^p(V^{(j-1)}, \mathcal{O}(-\mathfrak{d})) = 0.$$

(6)の長完全系列によると，すべての p について

$$H^p(V^{(j-1)}, \mathcal{O}) \simeq H^p(V^{(j)}, \mathcal{O}).$$

(8) さて，(7)と同様の議論を D_l の代りに $F=\mu^*D$ について行おう．

$$\begin{aligned}
&(K(V^{(j-1)}) + F|V^{(j-1)}, \mathfrak{d}^{n-j}) \\
&= (K(V^{(j-1)}) + (n-j)\mathfrak{d} + F|V^{(j-1)} - (n-j)\mathfrak{d}, \mathfrak{d}^{n-j}) \\
&= 2g(V_l, D_l) - 2 - (n-j)D_l{}^n + (F, \mathfrak{d}^{n-j}).
\end{aligned}$$

一方

$$(F|V^{(j-1)}, \mathfrak{d}^{n-j}) = (F, D_l{}^{n-1}) = D^n$$

が補題3.9の系より従う．ゆえに

$$\begin{aligned}
&(K(V^{(j-1)}) + F|V^{(j-1)}, \mathfrak{d}^{n-j}) \\
&= 2g(V_l, D_l) - 2 - (n-j)D_l{}^n + D^n \leqq 2g(V_l, D_l) - 2 - 2D_l{}^n + D^n \\
&\leqq 2(\Delta(V_l, D_l) - D_l{}^n) - 2 + D^n = 2(\Delta(V, D) - D^n) - 2 + D^n \\
&= 2\Delta(V, D) - D^n - 2 < 0.
\end{aligned}$$

よって，

$$H^0(V^{(j-1)}, K(V^{(j-1)}) + F|V^{(j-1)}) = 0.$$

そこで，Serre の双対律により，

$$(**) \qquad H^{n+j-1}(V^{(j-1)}, -F|V^{(j-1)}) = 0.$$

つぎの補題を用いねばならない．

補題 3.14 V を非特異完備代数多様体，F を $\mathrm{Bs}\,|F| = \phi$，かつ，非退化の因子とする．もし因子 F_1 が或る $m>0$ に対し $F \sim mF_1$ を満たすとしよう．このとき，

$p>0$ について，

$$H^{n-p}(V, \mathcal{O}(-F_1)) = H^p(V, \mathcal{O}(K(V)+F_1)) = 0. \qquad \text{——}$$

証明は，補題3.2と同様である．したがって，省略する．

さて，補題3.14によると，$p<n-j+1$ について，

$$H^p(V^{(j-1)}, -F \mid V^{(j-1)}) = 0.$$

(**)と合せて，すべての p に対して，

$$H^p(V^{(j-1)}, -F \mid V^{(j-1)}) = 0.$$

(9) 一方，帰納法の仮定によると，すべての $p>0$ につき，

$$R^p\tilde{\mu}_{(j-1)*}(\mathcal{O}_{V^{(j-1)}}) = 0.$$

よって，

$$R^p\tilde{\mu}_{(j-1)*}\mathcal{O}(-F \mid V^{(j-1)}) = R^p\tilde{\mu}_{(j-1)*}(\mathcal{O}_{V^{(j-1)}}) \otimes \mathcal{O}(-F \mid V^{(j-1)}) = 0.$$

さて，$F \mid V^{(j)} = \mu^*(D) \mid V^{(j)} = \tilde{\mu}_j{}^*(D \mid M^{(j)})$ なので，Leray のスペクトル系列

$$E_2{}^{p,q} = H^p(M^{(j-1)}, R^q\tilde{\mu}_{(j-1)*}\mathcal{O}(-F \mid V^{(j-1)}))$$
$$\Longrightarrow E^{p+q} = H^{p+q}(V^{(j-1)}, \mathcal{O}(-F \mid V^{(j-1)}))$$

は仮定の $R^q\tilde{\mu}_{(j-1)*}(\mathcal{O})=0\ (q>0)$ によると退化する．すなわち

$$E_2{}^{p,0} = H^p(M^{(j-1)}, \mathcal{O}(-D \mid M^{(j-1)})) \simeq E^p = H^p(V^{(j-1)}, \mathcal{O}(-F \mid V^{(j-1)})).$$

一方，(8)によりすべての p に対しスペクトル系列の p 項 $E^p=0$ だったから，

$$H^p(M^{(j-1)}, \mathcal{O}(-D \mid M^{(j-1)})) = 0$$

が示された．

(10) 完全系列

$$0 \longrightarrow \mathcal{O}(-D \mid M^{(j-1)}) \longrightarrow \mathcal{O}_{M^{(j-1)}} \longrightarrow \mathcal{O}_{M^{(j)}} \longrightarrow 0$$

によって，(9)の結論に留意すると，すべての p に対し

$$H^p(M^{(j-1)}, \mathcal{O}) \simeq H^p(M^{(j)}, \mathcal{O})$$

を得る．帰納法の仮定により，$q>0$ につき $R^q\tilde{\mu}_{(j-1)*}(\mathcal{O})=0$. これと(7)の結論と合せて，$j$ についてもつぎの同型を得る．

$$H^p(M^{(j)}, \mathcal{O}) \simeq H^p(V^{(j)}, \mathcal{O}).$$

(11) $\tilde{\mu}_j : V^{(j)} \to M^{(j)}$ に対して，スペクトル系列を考える．

$$E_2{}^{p,q} = H^p(M^{(j)}, R^q\tilde{\mu}_{j*}(\mathcal{O})) \Longrightarrow E^{p+q} = H^{p+q}(V^{(j)}, \mathcal{O}).$$

さて，ここで $\tilde{\mu}_j$ は $M^{(j)}$ 上の有限個の点を除くと同型なので，$q>0$ のとき Supp $R^q\tilde{\mu}_{j*}(\mathcal{O})$ は有限集合．よって，

$$p>0, \quad q>0 \quad \text{ならば} \quad E_2^{p,q}=0.$$

一方，$E_2^{p,0}=H^p(M^{(j)},\mathcal{O})$ と $E^p=H^p(V^{(j)},\mathcal{O})$ は(10)により同型．ゆえに $E_2^{0,q}=0$ となる．すなわち，$q>0$ に対して

$$E_2^{0,q}=H^0(M^{(j)},R^q\tilde{\mu}_{j*}(\mathcal{O}))=0.$$

さて Supp $R^q\tilde{\mu}_{j*}(\mathcal{O})$ は有限集合だから，

$$H^0(M^{(j)},R^q\tilde{\mu}_{j*}(\mathcal{O}))=0 \quad \text{より} \quad R^q\tilde{\mu}_{j*}(\mathcal{O})=0$$

を得る．かくして，(6)の主張

$$\dim V^{(j)}=n-j\geqq 2 \quad \text{ならば} \quad R^q\tilde{\mu}_{j*}(\mathcal{O})=0$$

が証明された．

(12) $S=V^{(n-2)}$, $W=M^{(n-2)}$, $\pi=\tilde{\mu}_{n-2}$ とおくと，S と W は代数曲面である．S は非特異，W は正規であった．$\mathcal{E}|S=(F-D_l)|S=E$ をスキームとみて完全系列

$$0\longrightarrow\mathcal{O}_S(-E)\longrightarrow\mathcal{O}_S\longrightarrow\mathcal{O}_E\longrightarrow 0$$

を得る．よって

$$0\longrightarrow\mathcal{O}_S(D_l|S)\longrightarrow\mathcal{O}_S(F|S)\longrightarrow\mathcal{O}_E(F|E)\longrightarrow 0 \quad (\text{完全})$$

を得るから，完全系列

$$0\longrightarrow\pi_*\mathcal{O}(D_l|S)\longrightarrow\pi_*\mathcal{O}(F|S)=\mathcal{O}(D|W)\longrightarrow\pi_*\mathcal{O}(F|E)$$
$$\longrightarrow R^1\pi_*\mathcal{O}_E(F|E)\longrightarrow\cdots$$

ができる．$\pi(F\cap E)$ は有限点集合なので，

$$0\longrightarrow\pi_*\mathcal{O}(D_l|S)\longrightarrow\pi_*\mathcal{O}(F|S)=\mathcal{O}(D|W)\longrightarrow\mathcal{T}\longrightarrow 0 \quad (\text{完全})$$

により，$\mathcal{T}$ を定義すると，それは0次元の層となる．上の完全系列に Euler-Poincaré 指標 χ を作用させ，つぎの不等式を得る：

$$\chi(\mathcal{O}(D|W))=\chi(\pi_*\mathcal{O}(D_l|S))+\dim H^0(W,\mathcal{T})$$
$$\geqq\chi(\pi_*\mathcal{O}(D_l|S)).$$

(13) さて，$(F|S,D_l|S)=(F,D_l^{n-1})>0$ なので，$m\gg 0$ を選ぶと，

$$(K(S)-D_l|S-mF|S,D_l|S)<0$$

にできる．よって

$$\dim H^2(S,(D_l+mF)|S)=\dim H^0(S,K(S)-(D_l+mF)|S)=0.$$

再び，スペクトル系列を考える：

$$E_2^{p,q}=H^p(W,R^q\pi_*\mathcal{O}((D_l+mF)|S))$$

$$\Longrightarrow E^{p+q} = H^{p+q}(S, \mathcal{O}(D_l+mF)\,|\,S).$$

$q>0$ のとき，$R^q\pi_*\mathcal{O}((D_l+mF)\,|\,S)$ は 0 次元の層だから，$q>0$, $p>0$ に対して，$E_2^{p,q}=0$ である．一方，

$$E_2^{p,0} = H^p(W, \pi_*\mathcal{O}(D_l+mF)\,|\,S)$$
$$= H^p(W, \pi_*\mathcal{O}(D_l)\otimes\mathcal{O}(mD\,|\,W)).$$

さて，D はアンプルだから $D\,|\,W$ もアンプルである．よって，$m\gg0$ に選ぶと，$p>0$ に対して，II，定理 7.14 より，$E_2^{p,0}=0$ である．結局

(＊＊＊)　　$$p > 0 \quad \text{に対して} \quad E_2^{p,q} = 0.$$

よって

$$E_2^{0,q} \simeq E^q = H^q(S, \mathcal{O}(D_l+mF)\,|\,S).$$

(13) のはじめに $m\gg0$ に選んだ条件によると，$E^2=0$. よって，

$$E_2^{0,2} = E^2 = 0.$$
$$E_2^{0,2} = H^0(W, R^2\pi_*\mathcal{O}((D_l+mF)\,|\,S)) = 0$$

によると，$R^2\pi_*\mathcal{O}((D_l+mF)\,|\,S)$ は 0 次元の層なので，

$$R^2\pi_*\mathcal{O}((D_l+mF)\,|\,S) = 0$$

を得る．よって $R^2\pi_*\mathcal{O}(D_l\,|\,S)\otimes\mathcal{O}(mD\,|\,W)=0$ より

$$R^2\pi_*\mathcal{O}(D_l\,|\,S) = 0.$$

(14)　また，別のスペクトル系列を考える：

$$E_2^{p,q} = H^p(W, R^q\pi_*\mathcal{O}(D_l\,|\,S)) \Longrightarrow E^{p+q} = H^{p+q}(S, \mathcal{O}(D_l\,|\,S)).$$

さて，I，第 4 章問題 1 により，

$$\chi(\mathcal{O}(D_l\,|\,S)) = \sum(-1)^m \dim E^m = \sum(-1)^{p+q}\dim E_2^{p,q}$$
$$= \sum(-1)^p \dim E_2^{p,0} + \sum(-1)^{p+1}\dim E_2^{p,1}$$
$$+\sum(-1)^{p+2}\dim E_2^{p,2}.$$

一方，(13) の結論を用いると，$E_2^{p,2}=0$ である．また $p>0$ のとき $E_2^{p,1}=0$ なのだから，

$$\chi(\mathcal{O}(D_l\,|\,S)) = \chi(\pi_*\mathcal{O}(D_l\,|\,S)) - \dim H^0(W, R^1\pi_*\mathcal{O}(D_l\,|\,S))$$
$$\leqq \chi(\pi_*\mathcal{O}(D_l\,|\,S)).$$

(15)　最後に，$F\,|\,S$ と $\pi: S\to W$ とについてのスペクトル系列を考察する：

$$E_2^{p,q} = H^p(W, R^q\pi_*\mathcal{O}(F\,|\,S)) \Longrightarrow E^{p+q} = H^{p+q}(S, \mathcal{O}(F\,|\,S)).$$

$\mathcal{O}(F\,|\,S)=\pi^*\mathcal{O}(D\,|\,W)$ なので，(6) の主張により $q>0$ に対して，$E_2^{p,q}=0$ であ

る．よって上のスペクトル系列は退化して,

$$E_2^{p,0}=H^p(W,\pi_*\mathcal{O}(F|S))\simeq E^2=H^p(S,\mathcal{O}(F|S)).$$

一方，(5) の末尾の式より，$\pi_*(\mathcal{O}_S)=\mathcal{O}_W$．よって，$\pi_*\mathcal{O}(F|S)=\mathcal{O}(D|W)$．かくして,

$$\chi(\mathcal{O}(D|W))=\chi(\mathcal{O}(F|S)).$$

(16)　さて今までに得た結論をならべてみよう．(12) により,

$$\chi(\mathcal{O}(D|W))\geqq\chi(\pi_*\mathcal{O}(D_l|S)).$$

(14) により,

$$\chi(\pi_*\mathcal{O}(D_l|S))\geqq\chi(\mathcal{O}(D_l|S)).$$

(15) により,

$$\chi(\mathcal{O}(D|W))=\chi(\mathcal{O}(F|S)).$$

これらを合せて,

$$\chi(\mathcal{O}(F|S))\geqq\chi(\mathcal{O}(D_l|S)).$$

(17)　S 上での Riemann-Roch の定理によると，$\tilde{F}=F|S$ とおけば,

$$\chi(\mathcal{O}(F|S))=\frac{1}{2}(\tilde{F}^2-(K(S),\tilde{F}))+\chi(S).$$

さらに，$\tilde{F}^2=(F^2,D_l^{n-2})=D^n$ であり，さらに

$$\begin{aligned}(K(D_l),\tilde{F})&=(K(V_l)+(n-2)D_l,F,D_l^{n-2})\\&=(K(V_l)+(n-1)D_l,F,D_l^{n-1})-(F,D_l^{n-1})\\&=2g(V,D)-2-D^n.\end{aligned}$$

よって，ついに,

$$\chi(\mathcal{O}(F|S))=D^n-g(V,D)+1+\chi(S).$$

同じ方針で，次式をも得る:

$$\chi(\mathcal{O}(D_l|S))=D_l^n-g(V_l,D_l)+1+\chi(S).$$

かくして，(16) の不等式

$$\chi(\mathcal{O}(F|S))-\chi(\mathcal{O}(D_l|S))\geqq 0$$

によると,

$$D^n-g(V,D)\geqq D_l^n-g(V_l,D_l).$$

これを Δ で書き直せば

$$\Delta(V,D)-\Delta(V_l,D_l)=D^n-D_l^n\geqq g(V,D)-g(V_l,D_l)$$

を得る．よって

$$\Delta(V, D)-g(V, D) \geqq \Delta(V_l, D_l)-g(V_l, D_l).$$

(18) さて，仮定 $\Delta(V, D)-g(V, D)\leqq 0$，および (3) の結論 $g(V_l, D_l)\leqq\Delta(V_l, D_l)$ によると，上式の左辺は $\leqq 0$，右辺は $\geqq 0$．よって，

$$\Delta(V, D)-g(V, D) = \Delta(V_l, D_l)-g(V_l, D_l) = 0.$$

このように，等号が成立したから，今までの不等式はすべて等式となってしまう．とくに (12) の結論の式も等号になり

$$H^0(W, \mathcal{T}) = 0$$

を得る．ゆえに $\mathcal{T}=0$．同様にして (14) の末尾の式より，$R^1\pi_*\mathcal{O}(D_l\,|\,S)=0$ を得る．よって，

$$\pi_*\mathcal{O}(D_l\,|\,S) \simeq \mathcal{O}(D\,|\,W),$$
$$H^p(W, \pi_*\mathcal{O}(D_l\,|\,S)) \simeq H^p(S, \mathcal{O}(D_l\,|\,S)).$$

結局,

$$H^p(W, \mathcal{O}(D\,|\,W)) \simeq H^p(S, \mathcal{O}(D_l\,|\,S)).$$

(19) そこで，完全系列

$$0\longrightarrow\mathcal{O}(D_l\,|\,S)\longrightarrow\mathcal{O}(F\,|\,S)\longrightarrow\mathcal{O}_E(F\,|\,E)\longrightarrow 0$$

を再び用いると，

$$\longrightarrow H^p(\mathcal{O}(D_l\,|\,S))\longrightarrow H^p(\mathcal{O}(F\,|\,S))\longrightarrow H^p(\mathcal{O}_E(F\,|\,E))\longrightarrow \quad (\text{完全})$$

を得る．(15) をみながら $H^p(\mathcal{O}(F|S))\simeq H^p(W, \pi_*\mathcal{O}(F|S))\simeq H^p(W, \mathcal{O}(D\,|\,W))$ に注意し，(18) の等式を用いると，

$$H^p(W, \mathcal{O}(D\,|\,W)) \simeq H^p(W, \pi_*\mathcal{O}(D_l\,|\,S)) \simeq H^p(S, \mathcal{O}(D_l\,|\,S)).$$

よって,

$$H^p(\mathcal{O}(F\,|\,S)) \simeq H^p(\mathcal{O}(D_l\,|\,S)).$$

それゆえ，すべての p につき

$$H^p(E, \mathcal{O}(F\,|\,E)) = 0$$

が示された．

(20) $F=\mu'^*\mu_1{}^*D=\mu^*D$ かつ $\mu_1\mu'(E)=p$ なので，$\mathcal{O}(F\,|\,E)=\mu^*\mathcal{O}_p=\mathcal{O}$．よって $\dim H^0(E, \mathcal{O})>0$ であらねばならぬ．かくして，(19) の $p=0$ のときの結論に矛盾してしまった．これは，$\nu\geqq 2$ と仮定したからに他ならない．∎

このようにして，定理 3.20 の証明が終結した．

§3.17　高次 q の消失定理

定理 3.21　(V, D) を非特異偏極多様体とし，$n=\dim V$ とする．$\mathrm{Bs}\,|D|$ が有限集合で，$D^n \geqq 2\Delta(V, D)+1$，$g(V, D) \geqq \Delta(V, D)$ を満たすならば，

$$\Delta(V, D) = g(V, D) \geqq q(V) = \dim H^1(V, \mathcal{O}),$$

$j \geqq 2$ に対して，V の j 次不正則数

$$q_j(V) = \dim H^j(V, \mathcal{O}_V) = 0.$$

証明　$n=1$ のとき，II，定理 6.8 (iii) の証明によると，

$$\deg D \geqq 2\Delta(V, D)+1 \quad ならば \quad \Delta(V, D) = g(V).$$

$n \geqq 2$ のとき，n についての帰納法を用いよう．定理 3.20 により $|D|$ の一般の元 D は非特異で既約，それゆえ $D_1 = D\,|\,D$ とおけば，補題 3.3 により

$$\Delta(D, D_1) \leqq \Delta(V, D) \quad かつ \quad g(D, D_1) = g(V, D).$$

よって

$$D_1{}^{n-1} = D^n \geqq 2\Delta(V, D)+1 \geqq 2\Delta(D, D_1) \quad かつ$$
$$g(D, D_1) = g(V, D) \geqq \Delta(V, D) \geqq \Delta(D, D_1).$$

(D, D_1) について帰納法の仮定によると，

$$\Delta(D, D_1) = g(D, D_1) \geqq q(D),$$
$$j \geqq 2 \quad に対して \quad q_j(D) = \dim H^j(D, \mathcal{O}_D) = 0.$$

それゆえ，

$$\Delta(V, D) \geqq \Delta(D, D_1) = g(D, D_1) = g(V, D).$$

仮定 $g(V, D) \geqq \Delta(V, D)$ によって，$\Delta(V, D) = g(V, D)$．同時に，$\Delta(V, D) = \Delta(D, D_1)$ も示された．

慣用の完全系列

$$\longrightarrow H^j(\mathcal{O}(-D)) \longrightarrow H^j(\mathcal{O}_V) \longrightarrow H^j(\mathcal{O}_D)$$
$$\longrightarrow H^{j+1}(\mathcal{O}(-D)) \longrightarrow \cdots$$

に注目する．D はアンプルだから，補題 3.2 により，$j<n$ のとき $H^j(\mathcal{O}(-D))=0$．したがって，$n \geqq 3$ のとき，$j=1, 2$ を用いて，$q(V)=q(D)$．$n=2$ ならば，$q(V) \leqq q(D)$．これにより，仮定 $g(D, D_1) \geqq q(D)$ と合せて，

$$g(V, D) = g(D, D_1) \geqq q(D) \geqq q(V),$$
$$2 \leqq j < n \quad に対して \quad H^j(\mathcal{O}(-D)) = H^j(\mathcal{O}_D) = 0$$

が成り立つので，上の完全系列によって，$q_j(V)=0$．

最後に，$q_n(V)=0$ を示そう．$K=K(V)$ と書くと，
$$2g(V,D)-2 = (K, D^{n-1})+(n-1)D^n$$
$$> (K, D^{n-1})+2(n-1)\varDelta(V,D) \quad (\text{定理の条件})$$
$$\geqq (K, D^{n-1})+2(n-1)g(V,D) \quad (\text{結論の前半})$$
を得るから，
$$-2 > (K, D^{n-1})+2(n-2)g(V,D) \geqq (K, D^{n-1}).$$
すなわち，Serre の双対律を用いて，
$$q_n(V) = \dim H^n(V, \mathcal{O}_V) = \dim H^0(V, \mathcal{O}(K)) > 0$$
とすると，$(K, D^{n-1})\geqq 0$ になり3行上の式と矛盾．よって $q_n(V)=0$．■

§3.18 底点の空定理

a) つぎの定理は $\varDelta=1$ のときに応用しやすい．

定理 3.22 (V, D) を非特異偏極多様体とする．$n=\dim V$ と書く．$\mathrm{Bs}|D|$ が有限集合で，$D^n \geqq 2\varDelta(V,D)$ と $g(V,D)\geqq \varDelta(V,D)$ とを満たすとき，
$$\mathrm{Bs}|D| = \phi.$$

証明 $n=1$ のときは，II，定理 6.8 (ii) で証明されている．

$n\geqq 2$ として，n による帰納法で証明しよう．$|D|$ の一般元は非特異であり $D_1=D|D$ と書くと，$\varDelta(V,D)\geqq\varDelta(D,D_1)$ になる．さて，$\varDelta(V,D)>\varDelta(D,D_1)$ と仮定しよう．$D_1^{n-1}=D^n\geqq 2\varDelta(V,D)>2\varDelta(D,D_1)$，$g(D,D_1)=g(V,D)\geqq\varDelta(V,D)>\varDelta(D,D_1)$ であって，定理 3.21 により
$$g(D,D_1) = \varDelta(D,D_1).$$
これにより，$g(V,D)=g(D,D_1)=\varDelta(D,D_1)<\varDelta(V,D)$ と矛盾に到る．よって，$\varDelta(D,D_1)=\varDelta(V,D)$，$D_1^{n-1}=D^n\geqq 2\varDelta(V,D)=2\varDelta(D,D_1)$ なので，(D,D_1) について帰納法が使えて，$\mathrm{Bs}|D_1|=\phi$．一方，$\varDelta(V,D)=\varDelta(D,D_1)$ だから $\mathrm{Tr}_D|D|=|D_1|$ により，
$$\mathrm{Bs}|D| \subset \mathrm{Bs}|D_1| = \phi. \qquad \blacksquare$$

b) さて，定理 3.20 の条件に戻ってみよう．この条件 (イ), (ロ), (ハ) の成立するときに，D を $|D|$ の一般生成元とし $D_1=D|D$ と書くと，$\varDelta(V,D)\geqq\varDelta(D,D_1)$．そこで，$\varDelta(V,D)\geqq\varDelta(D,D_1)+1$ と仮定すると，
$$g(D,D_1) = g(V,D) \geqq \varDelta(V,D) \geqq \varDelta(D,D_1)+1,$$

$$D_1^{n-1} = D^n \geqq 2\varDelta(V, D) - 1 \geqq 2\varDelta(D, D_1) + 1$$

がいえる．よって，定理3.21により，

$$\varDelta(D, D_1) = g(D, D_1).$$

これは上式に矛盾する．

かくして，$\varDelta(V, D) = \varDelta(D, D_1)$ がこの場合にも成立しているのである．

c) 定理3.20の条件では，$\mathrm{Bs}\,|D| = \phi$ を結論できない．しかし，$\mathrm{Bs}\,|D| \neq \phi$ となる場合もさほど多くはないのである．そこで，

(イ) $\mathrm{Bs}\,|D|$ は有限集合,

(ロ) $D^n \geqq 2\varDelta(V, D) - 1$,

(ハ) $g(V, D) \geqq \varDelta(V, D)$,

(ニ) $\mathrm{Bs}\,|D| \neq \phi$

を仮定してみる．定理3.22により(ニ)が成り立つ以上，(ロ)は

(ロ)* $D^n = 2\varDelta(V, D) - 1$

でおきかえられる．

$n=1$ のとき．$p \in \mathrm{Bs}\,|D|$ をとると，正因子 D' により，$D = D' + p$ と表され，$l(D') = l(D)$，$\deg D' = \deg D - 1$ が成り立つ．ゆえに，$\varDelta(V, D') = \varDelta(V, D) - 1$．よって(ロ)*により

$$\deg D' = 2\varDelta(V, D')$$

を得る．$\varDelta(V, D') = 1 + \deg D' - l(D')$ を Riemann-Roch の定理で変形すると，

$$\varDelta(V, D') = g(V) - l(K - D')$$

になる．よって

$$\deg D' = 1 + \deg D' - l(D') + g(V) - l(K - D').$$

これを書き直せば，

$$l(D') + l(K - D') = 1 + g(V).$$

そこで，II，定理6.9(精密化された Clifford の定理)を用いると，

(i) $l(K - D') = 0$,

(ii) $D' = 0$,

(iii) $K = D'$,

(iv) V は超楕円曲線

のいずれかが成立することがわかる．

(i) の場合を考える．すると，$\Delta(V, D') = g(V)$．一方，$\Delta(V, D) = \Delta(V, D') + 1 = g(V) + 1$，$\Delta(V, D) = g(V) - l(K-D)$ により，$l(K-D) = -1$ となり矛盾．よって，これはおきない．

(ii) の場合．$D = p$．すなわち，$\deg D = 1$．

(iii) の場合．$D = K + p$．このとき，$\mathrm{Bs}\,|K+p| = \{p\}$．

(iv) の場合．さらに，$2 \leqq \deg D \leqq 2g(V) - 2$ も仮定できることに注意．

$n \geqq 2$ のとき．$|D|$ の一般の元 D をとり $D_1 = D\,|\,D$ とおくと，前の b) により，$\Delta(V, D) = \Delta(D, D_1)$，$D^n = D_1{}^{n-1}$，$g(V, D) = g(D, D_1)$ が成り立ち，したがって，順次次元が下がり，曲線

$$\mathrm{Bs}\,|D| = \mathrm{Bs}\,|D_1|$$

の場合になる．すなわち，

$$D^n = 1 \quad \text{または} \quad D^n = 2g(V, D) - 1,$$

または，$|D|$ の一般の独立な元を $D = D^{(1)}, D^{(2)}, \cdots, D^{(n-1)}$ とおくと，

$$D^{(1)} \cap \cdots \cap D^{(n-1)} \quad \text{は} \quad \text{超楕円曲線（または楕円曲線）}$$

となるわけである．

§3.19　藤田の埋入定理　その1

a)　II，定理 6.8 (ii) でつぎの定理を証明した．

種数 g の代数曲線上の因子は，もしその次数が $2g+1$ 以上ならば，超平面切断因子である．

この定理は簡明で美しいものである．これを，藤田は，一般の代数多様体上のアンプル因子に対して一般化することに成功した．

定理 3.23　(V, D) を非特異偏極多様体とし，$n = \dim V$ と書く．$\mathrm{Bs}\,|D|$ は有限集合，$D^n \geqq 2\Delta(V, D) + 1$，$g(V, D) \geqq \Delta(V, D)$ とする．このとき，D は超平面切断因子となる．いいかえると，$\mathrm{Bs}\,|D| = \phi$ で，Φ_D は閉埋入である．

証明　(1)　条件から定理 3.21 が使えて，$g(V, D) = \Delta(V, D)$ を得る．つぎのことをまず示す．

p を V の点とするとき，$|D|_p = \{\tilde{D} \ni p\,;\, \tilde{D} \in |D|\}$ とおく．すなわち，$|D|_p$ は p を通る元よりなる $|D|$ の部分1次系とする．このとき，$|D|_p$ の一般の元は非特異である．これを背理法で示す．そのために，$|D|_p$ の一般の元に特異点があっ

たとしよう．Bertini の定理により，その特異点 q は $\mathrm{Bs}\,|D|_p$ の点でもある．ゆえに $|D|_p$ の元は q を通るから，$|D|_q \subset |D|_p$．一方，$|D|$ に底点のないことにより，$\dim |D|_p = \dim |D|_q = \dim |D| - 1$．よって，$|D|_q = |D|_p$．すなわち，$p$ 自身が $|D|_p$ の一般の元の特異点としてよい．その重複度を ν として，定理3.20の証明と類似の議論を根気よくつづけると，ついに矛盾に到る．余りにもページをくうのでその詳細は省略しよう．

b) (2) 代数曲線のときと同じく，つぎの定理が成り立つ．

定理 3.24 V を非特異完備代数多様体とし，D を正因子とする．D が超平面切断因子になる必要十分条件は，

(i) $\mathrm{Bs}\,|D| = \phi$,

(ii) 任意の点 p につき，それを中心にした2次変換 $\mu: Q_p(V) \to V$ を考え，$\Lambda(p) = \Lambda_V(p) = \{\mu^*(\tilde{D}) - E\,;\,\tilde{D} \in |D|_p\}$ とおくとき，$\mathrm{Bs}\,\Lambda(p) = \phi$.

証明 Weil の定理(II，定理7.16)を用いると，

$$D\text{ が超平面切断因子} \iff \begin{cases} \text{(i)} & \mathrm{Bs}\,|D| = \phi, \\ \text{(ii)}_{\mathrm{a}} & \Phi_D \text{ が1対1}, \\ \text{(ii)}_{\mathrm{b}} & d_p\Phi_D: T_p(V) \to T_p(\boldsymbol{P}^N) \text{ が1対1}. \end{cases}$$

それゆえ，$\mathrm{Bs}\,|D| = \phi$ という仮定の下で，(ii) と $\text{(ii)}_{\mathrm{a}} + \text{(ii)}_{\mathrm{b}}$ の同値性を示せばよい．(ii) $\Longrightarrow$ (ii)_{a} は容易である．すなわち，$p \neq q$ をとる．$\mathrm{Bs}\,\Lambda(p) = \phi$ だから，$\mu(q) = q$ となる $Q_p(V)$ 上の q を通らない $\Lambda(p)$ の元を C とおくと，$C = \mu^*\tilde{D} - E$ であって，$\tilde{D} \in |D|_p$ かつ $q \notin \tilde{D}$．(ii) $\Longrightarrow$ (ii)_{b} を示すのも同様である．$n = \dim V$，$N = l(D) - 1$ とし，座標をとって計算する．すなわち，p での正則パラメータ系を $(z_1, \cdots, z_n)$ とし，Φ_D は局所的に $\xi_1 = \varphi_1(z_1, \cdots, z_n), \cdots, \xi_N = \varphi_N(z_1, \cdots, z_n)$ と表されているとしよう．このとき，(ii)_{b} をいいかえると，

$$\mathrm{rank}\left[\left.\frac{\partial(\varphi_1, \cdots, \varphi_N)}{\partial(z_1, \cdots, z_n)}\right|_0\right] = n$$

である．φ_i を展開して，$(z_1, \cdots, z_n)$ についての1次式の項を l_i，高次の項を ψ_i と書くとき，上式は

$$\mathrm{rank}\left[\left.\frac{\partial(l_1, \cdots, l_N)}{\partial(z_1, \cdots, z_n)}\right|_0\right] = n$$

ともいいかえられる．

さて(ii)を仮定し，(ii)$_b$が成り立たないとしよう．$(\xi_1, \cdots, \xi_N)$に1次変換をして，つぎの形に直しておく．

$$l_1 = 0, \quad l_2 = z_2, \quad \cdots, \quad l_{r+1} = z_{r+1}, \quad l_{r+2} = 0, \quad \cdots, \quad l_n = 0.$$

いいかえると，上の行列の階数をrとし，$r<n$を仮定したのである．さて，2次変換μを局所的に適当に表すとき，p_1を$\mu^{-1}(p)$上から選ぶと，

$$z_1 = \zeta_1, \quad z_2 = \zeta_1\zeta_2, \quad \cdots, \quad z_n = \zeta_1\zeta_n$$

となる(II，§7.30, e))．すると，$\Lambda(p)$はp_1の周りでつぎの式より定義される：

$$\psi_1(\zeta_1, \zeta_1\zeta_2, \cdots, \zeta_1\zeta_n)/\zeta_1 = 0,$$
$$\zeta_2 + \psi_2(\zeta_1, \zeta_1\zeta_2, \cdots, \zeta_1\zeta_n)/\zeta_2 = 0,$$
$$\cdots\cdots\cdots\cdots\cdots$$
$$\psi_n(\zeta_1, \zeta_1\zeta_2, \cdots, \zeta_1\zeta_n)/\zeta_n = 0.$$

もちろんψ_i/ζ_iは原点で正則，かつ，そこで0になる．よって，必ず$\Lambda(p)$の元はp_1を通過してしまう．これは矛盾．かくして，(ii) $\Longrightarrow$ (ii)$_a$+(ii)$_b$が示された．

(ii)$_a$+(ii)$_b$ $\Longrightarrow$ (ii)は同様にして簡単に示される．∎

(ii)$_b$の条件は，無限に近い相異なる2点をΦ_Dがやはり無限に近い相異なる2点に写すことであった．無限に近い2点は，1回の2次変換で実際に分離している．これが(ii)の条件なのである．

c) (3) (1)の結論を用いて，定理3.24の条件(ii)を示す．そこで，$p \in V$を任意に選び，(1)によって，pを通るDの非特異元を一つとる．それをD_pとおく．$D_1 = D \mid D_p$はアンプル因子であって，(D_p, D_1)は$n-1$次元の非特異偏極多様体である．さて，$\Delta(V, D) \geqq \Delta(D_p, D_1)$であり，

$$D_1^{n-1} = D^n > 2\Delta(V, D) \geqq 2\Delta(D_p, D_1)$$

が成り立つ．ゆえに，$D_1^{n-1} > 2\Delta(D_p, D_1)$，さて，定理3.21によると，$\Delta(D_p, D_1) = g(D_p, D_1)$．一方，

$$g(D_p, D_1) = g(V, D) \geqq \Delta(V, D) \geqq \Delta(D_p, D_1).$$

ゆえに，$g(D_p, D_1) = \Delta(D_p, D_1)$を得る．よって，$g(V, D) = \Delta(V, D) = \Delta(D_p, D_1)$にもなる．補題3.3が使え，$\{|D|\} \mid D_p = |D_1|$．したがって，$\Lambda_V(p) = |\mu^* D_p - E|$とおくと，$\Lambda_V(p) \mid D_p = \Lambda_{D_p}(p)$．ここで，右辺は，$(D_p, D_1)$に対する$\Lambda(p)$を意味している．帰納法の仮定を用いると，$D_1$は超平面切断因子．よって，定理3.24(ii)により，$\mathrm{Bs}(\Lambda_{D_p}(p)) = \phi$．ゆえに$\mathrm{Bs}(\Lambda_V(p)) = \phi$．∎

§3.20　3次超曲面の特徴づけ

前の定理は，$\Delta(V,D)=1$ のとき著しい結果を導く．すなわち，つぎの定理が成り立つ．

定理 3.25　(V,D) を非特異偏極多様体としよう．$n=\dim V$ と書き，$\Delta(V,D)=1$ を仮定する．

(i)　$g(V,D)=1$，$D^n\geqq 2$ ならば，$\mathrm{Bs}\,|D|=\phi$，

(ii)　$D^n\geqq 3$ ならば，D は超平面切断因子．

証明　(i) の結果は定理 3.22 の再録である．(ii) を示そう．$D^n\geqq 3$ だから定理 3.17 により，$g(V,D)=1$．そしてもちろん Δ 不等式により $\mathrm{Bs}\,|D|$ は有限集合．かくして定理 3.23 が直ちに使える．∎

系 (3次超曲面の特徴づけ)　D を非特異完備代数多様体 V 上のアンプル因子とする．$D^n=3$ かつ $\dim H^0(\mathcal{O}(D))=n+2$ ならば，V は $\boldsymbol{P}^{n+1}$ 内の3次超曲面で，D はその超平面切断因子である．——

これは，§3.5, c) に予告したものである．同様にして，$D^n=4$，$\Delta(V,D)=1$ ならば，V は $\boldsymbol{P}^{n+2}$ 内の2個の2次超曲面の完全交叉多様体となることまで証明できる．

§3.21　$n=\dim V\geqq 3$，$\Delta(V,D)=1$，$D^2\geqq 3$ の構造

a)　さて，$\Delta(V,D)=1$，$n=\dim V\geqq 2$ のときは，$n=1$ と異なり $D^n\leqq 9$ であった (§3.15)．ところが，以下で示すように，$n\geqq 3$ とすると，$D^n\leqq 8$ になる．さらに $n\geqq 4$ とすると，$D^n\leqq 7$ になる．

定理 3.26　　$n\geqq 3$，　$\Delta(V,D)=1$　のとき　$D^n\leqq 8$.

証明　(1)　$n=3$，$D^3=9$ を仮定する．D を $|D|$ の一般の元とすると，非特異になり，$K(D)=(K(V)+D)|D$ を満たし，$K(V)=-2D$．だから，$D_1=D|D$ とおくと，$K(D)+D_1=0$．よって，定理 3.5 によると，$\Delta(D,D_1)=1$．$D_1{}^2=D^3=9$．よって，$D=\boldsymbol{P}^2$，$D_1=-K(\boldsymbol{P}^2)$ となる．さて，まず定理 3.10 (Lefschetz の超平面切断定理) により，$j:D\to V$ を閉埋入とすると，

$$j_*:\ H_2(D,\boldsymbol{Z})\longrightarrow H_2(V,\boldsymbol{Z})\quad は\quad 全射.$$

V は代数的だから，$b_2(V)\geqq 1$．そして，$D=\boldsymbol{P}^2$ によると，$H_2(D,\boldsymbol{Z})=\boldsymbol{Z}$．よって $\mathrm{Ker}\,j_*=0$ だから，

$$H_2(D,\boldsymbol{Z})\simeq H_2(V,\boldsymbol{Z}).$$

双対にみて

$$H^2(V,\boldsymbol{Z})\simeq H^2(D,\boldsymbol{Z}).$$

補題 3.15 V を非特異完備代数多様体，$-K(V)$ がアンプルと仮定すれば，

$$H^1(V,\mathcal{O}^*)\simeq H^2(V,\boldsymbol{Z}).$$

証明 補題 3.2(小平の消失定理)によると，$p>0$ に対して，

$$H^p(V,\mathcal{O}_V)=H^p(V,\mathcal{O}(K(V)-K(V)))=0.$$

よって，完全系列

$$\begin{array}{ccccccc} H^1(V,\mathcal{O}) & \longrightarrow & H^1(V,\mathcal{O}^*) & \longrightarrow & H^2(V,\boldsymbol{Z}) & \longrightarrow & H^2(V,\mathcal{O}) \\ \| & & & & & & \| \\ 0 & & & & & & 0 \end{array}$$

から，$H^1(V,\mathcal{O}^*)\simeq H^2(V,\boldsymbol{Z})$ を得る．▮

(2) 定理 3.26 の証明をつづける．補題 3.15 によると，つぎの図式を得る．

$$\begin{array}{ccc} H^1(V,\mathcal{O}^*) & \longrightarrow & H^1(D,\mathcal{O}^*) \\ \wr\downarrow & & \wr\downarrow \\ H^2(V,\boldsymbol{Z}) & \simeq & H^2(D,\boldsymbol{Z}) \end{array}$$

よって，$H^1(V,\mathcal{O}^*)\simeq H^1(D,\mathcal{O}^*)$.

(3) そこで，$D=\boldsymbol{P}^2$ の超平面因子(実は直線)を H_1 とおくと，上の同型によって，V 上の因子 H がただ一つきまり $H|D=H_1$ を満たす．一方，$D_1=3H_1$ であって，$(D-3H)|D=0$ になる．よって，上の同型によれば，$D=3H$. よって，$K(V)=-2D=6H$. 一方，H_1 は $\boldsymbol{P}^2$ の直線なので，$H^3=H_1{}^2=1$.

$K(V)=3\cdot 2H$ だから，定理 3.3 の条件 (iv) が満たされ，$(V,2H)$ は $\boldsymbol{P}^3$ と超平面因子の対になる．ところが，$(2H)^3=8>1$ だから，これは矛盾である．

$n=3$ で $D^3=9$ の例がないので，帰納法により $n\geqq 4$ についても $D^n=9$ の例のないことがわかる．▮

b) 一方，$n=3$ で最大の D^3 は 8 である．H を $\boldsymbol{P}^3$ の超平面因子とし，$(V,D)=(\boldsymbol{P}^3,2H)$ とおけばよい．実はつぎのことが証明できる：

$$n\geqq 3,\quad \Delta(V,D)=1,\quad D^n=8 \quad \text{ならば}\quad n=3 \text{ かつ } (V,D)=(\boldsymbol{P}^3,2H).$$

よって $n\geqq 4$, $\Delta(V,D)=1$ とすると，$D^n\leqq 7$ である．今度は $D^n=7$ の場合を詳細に研究する必要が生じる．結論はつぎの通り：

$$n\geqq 3,\quad \Delta(V,D)=1,\quad D^n=7 \quad \text{とすると}\quad (V,D)=(Q_p(\boldsymbol{P}^3),2H-E).$$

したがって，詳しくいうと，

$$n \geqq 4,\quad \varDelta(V, D) = 1 \quad のとき \quad D^n \leqq 6.$$

その上，$n \geqq 5$, $\varDelta(V, D) = 1$ のとき $D^n \leqq 5$ も証明されている．$\varDelta(V, D) = 1$, $D^n = 5$ または6の (V, D) の構造も完全に決定される．

これらの証明はのべない．上の事実は非常に深い結果であって，新しい着想と数多くの技法に依存している．

c) $\varDelta(V, D) = 1$, $D^n \geqq 3$ は $n = 2$ のとき，V は Del-Pezzo 曲面となるのであった(§3.15)．したがって，上記の研究こそ，Del-Pezzo 曲面の高次元への完全な一般化，といってよい．

もっとも，Del-Pezzo 曲面 V を "$-K(V)$ がアンプルとなる曲面 V" と理解するならば，$-K(V)$ がアンプルとなる3次元多様体 V の決定を試みるべきだろう．$\varDelta(V, D) = g(V, D) = 1$ の研究は，3次元に限るとき，$-K(V)$ が2で割れて，かつアンプルになる V の研究といいかえられる．$-K(V)$ がアンプル因子(または超平面切断因子)となる V を Fano 多様体という．3次元 Fano 多様体 V をとるとき $-K(V)^3 \leqq 64$ は Iskovskih らによって証明された．

§3.22　特異曲線の $\varDelta$

a) この節では，C を完備特異曲線とし，π はその仮想種数 $\dim H^1(C, \mathcal{O})$ をさすとする．§2.7の記号をそのまま用いる．

C 上の準因子 $\mathcal{F}$ に対し，

$$\varDelta(\mathcal{F}) = \varDelta(C, \mathcal{F}) = 1 + \deg \mathcal{F} - \dim H^0(C, \mathcal{F})$$

とおく．$\deg \mathcal{F}$ は§2.7, c) において

$$\deg \mathcal{F} = \chi(\mathcal{F}) + \pi - 1$$

で定義された．したがって，

$$\varDelta(\mathcal{F}) = \pi - \dim H^1(C, \mathcal{F})$$

とも書ける．§2.7, a), SII_C によると，

$$\dim H^1(C, \mathcal{F}) = \dim \mathrm{Hom}\,(\mathcal{F}, \omega_C)$$

なので，

$$\begin{aligned}\varDelta(\mathcal{F}) &= \pi - \dim \mathrm{Hom}\,(\mathcal{F}, \omega_C) \\ &= \dim \mathrm{Hom}\,(\mathcal{O}, \omega_C) - \dim \mathrm{Hom}\,(\mathcal{F}, \omega_C)\end{aligned}$$

とも書き直せる．

これらに対して，II，§6.1，§6.7と類似の理論が成立する．

b) 定理 3.27 準因子 $\mathcal{F}$ が $\deg \mathcal{F} \geqq 2\varDelta(\mathcal{F})+1 \geqq -1$ を満たすならば，

$$H^1(C, \mathcal{F}) = 0.$$

いいかえると，$\varDelta(\mathcal{F})=\pi$.

証明 $\varDelta=\varDelta(\mathcal{F})$ とおく．$\pi-\varDelta \geqq 1$ と仮定して矛盾を導く．$\pi=\dim H^0(C, \omega_C) \geqq \varDelta+1 \geqq 0$ なので，$\varDelta+1>0$ ならば，$\mathrm{Reg}\, C$ の一般の点 p_1 をとると，$\dim H^0(C, \omega_C \otimes \mathcal{O}(-p_1)) = \dim H^0(C, \omega_C)-1$. これをくり返して，$p_1, \cdots, p_{\varDelta+1} \in \mathrm{Reg}\, C$ から $D=p_1+\cdots+p_{\varDelta+1}$ をつくるとき

$$\dim H^0(C, \omega_C \otimes \mathcal{O}(-D)) = \pi-\varDelta-1 \geqq 0.$$

一方，$\dim H^0(\mathcal{F} \otimes \mathcal{O}(-p_1)) = \dim H^0(\mathcal{F})$ または $=\dim H^0(\mathcal{F})-1$ だから

$$\begin{aligned} \dim \mathrm{Hom}\,(\mathcal{O}(D), \mathcal{F}) &= \dim H^0(\mathcal{F} \otimes \mathcal{O}(-D)) \\ &\geqq \dim H^0(\mathcal{F} \otimes \mathcal{O}(-p_2-\cdots-p_{\varDelta+1}))-1 \\ &\geqq \cdots \geqq \dim H^0(\mathcal{F})-\deg D \\ &= 1+\deg \mathcal{F}-\varDelta-\deg D \\ &= \deg \mathcal{F}-2\varDelta \geqq 1. \end{aligned}$$

右端の $\geqq 1$ は定理の条件である．そこで，§2.7の補題2.6によれば，

$$\deg D \leqq \deg \mathcal{F} \quad \text{および} \quad \dim H^1(\mathcal{F}) \leqq \dim H^1(\mathcal{O}(D)).$$

ゆえに，

$$\begin{aligned} &\dim H^1(\mathcal{O}(D)) = \dim H^0(\omega_C \otimes \mathcal{O}(-D)) = \pi-\varDelta-1, \\ &\dim H^1(\mathcal{F}) = \pi-\varDelta \end{aligned}$$

を用いて，$\pi-\varDelta=\dim H^1(\mathcal{F}) \leqq \pi-\varDelta-1$. よって $0 \leqq -1$. ∎

定理 3.28 $\mathcal{F}$ を準因子とし，$\deg \mathcal{F} \geqq 2\varDelta(\mathcal{F}) \geqq 0$ を満たすとしよう．このとき，$\mathcal{F}$ は $H^0(\mathcal{F})$ で生成される．

証明 $H^0(\mathcal{F})$ の生成する $\mathcal{F}$ の $\mathcal{O}_C$ 部分層を $\mathcal{G}$ とおくと明らかに，$H^0(\mathcal{G})=H^0(\mathcal{F})$. $\deg \mathcal{F} \geqq 2(1+\deg \mathcal{F}-\dim H^0(\mathcal{F}))$ によって，$H^0(\mathcal{F}) \neq 0$ を知る．ゆえに $\mathcal{G} \neq 0$. したがって $\mathcal{G}$ も準因子．$\mathcal{G} \neq \mathcal{F}$ とすると補題2.8により，

$$\deg \mathcal{G} < \deg \mathcal{F}.$$

一方，$\dim H^0(\mathcal{F})-1=\deg \mathcal{F}-\varDelta(\mathcal{F})$，$\dim H^0(\mathcal{G})-1=\deg \mathcal{G}-\varDelta(\mathcal{G})$，かつ $\dim H^0(\mathcal{F})=\dim H^0(\mathcal{G})$ によって

$$\deg \mathscr{F} - \Delta(\mathscr{F}) = \deg \mathscr{G} - \Delta(\mathscr{G}).$$

よって,

$$(*)\qquad \deg \mathscr{G} = \deg \mathscr{F} - \Delta(\mathscr{F}) + \Delta(\mathscr{G}) \geqq \Delta(\mathscr{F}) + \Delta(\mathscr{G}) > 2\Delta(\mathscr{G}),$$
$$\deg \mathscr{F} - \deg \mathscr{G} = \Delta(\mathscr{F}) - \Delta(\mathscr{G}) > 0$$

を得る. 一方, $H^0(\mathscr{F}) = H^0(\mathscr{G}) \neq 0$ により, $0 \neq \varphi \in \mathrm{Hom}(\mathcal{O}_C, \mathscr{G})$ をとると, 完全系列

$$0 \longrightarrow \mathcal{O}_C \xrightarrow{\varphi} \mathscr{G} \longrightarrow \mathrm{Coker}\,\varphi \longrightarrow 0$$

を得る. $\mathrm{Coker}\,\varphi$ は0次元の層である. これより,

$$0 \longrightarrow \underset{\displaystyle k}{\underset{\|}{H^0(\mathcal{O}_C)}} \longrightarrow H^0(\mathscr{G}) \longrightarrow H^0(\mathrm{Coker}\,\varphi).$$

よって

$$\dim H^0(\mathscr{G}) \leqq 1 + \dim H^0(\mathrm{Coker}\,\varphi).$$

一方, $\dim H^0(\mathrm{Coker}\,\varphi) = \chi(\mathscr{G}) - \chi_C = \deg \mathscr{G}$ なのだから, 上の不等式により

$$\Delta(\mathscr{G}) = 1 + \deg \mathscr{G} - \dim H^0(\mathscr{G}) \geqq 0.$$

それゆえ, $\Delta(\mathscr{G}) \geqq 0 > -1$. 上式(∗)と合せて, 定理3.27が使える. これから, $\Delta(\mathscr{G}) = \pi$, $\Delta(\mathscr{F}) > \Delta(\mathscr{G}) = \pi$ を得る. このことは,

$$\Delta(\mathscr{F}) - \pi = -\dim H^1(\mathscr{F}) \leqq 0$$

に反する. ∎

c) たとえば, $\mathscr{F} = \omega_C$ とおいてみる.

$$\Delta(\omega_C) = 1 + \deg \omega_C - \dim H^0(\omega_C) = 1 + 2\pi - 2 - \pi = \pi - 1.$$

ゆえに,

$$\deg \omega_C = 2\Delta(\omega_C).$$

系　ω_C は $\pi \geqq 1$ ならば $H^0(\omega_C)$ により生成される. ——

同様にして, $\deg \mathscr{L} > 0$ となる因子 $\mathscr{L}$ をとり $\mathscr{F} = \omega_C \otimes \mathscr{L}$ とおく. すると, $\deg \mathscr{F} > 2\pi - 2$. さらに,

$$\Delta(\mathscr{F}) = 1 + 2\pi - 2 + \deg \mathscr{L} - \dim H^0(\mathscr{F}).$$

一方, §2.7, a)の $\mathrm{S\,II}_C$ により, $\dim H^1(\omega_C \otimes \mathscr{L}) = \dim \mathrm{Hom}(\omega_C \otimes \mathscr{L}, \omega_C)$ を得るが,

$$\deg(\omega_C \otimes \mathscr{L}) > \deg \omega_C$$

だから補題2.9により，$H^1(\omega_C\otimes\mathscr{L})=0$．ゆえに，

$$\varDelta(\mathscr{F})=\varDelta(\omega_C\otimes\mathscr{L})=\pi.$$

d）こんどは，準因子 $\mathscr{F}$ が，$\deg\mathscr{F}=2\varDelta(\mathscr{F})-1\geqq 0$ を満たすとしよう．すると，$H^0(\mathscr{F})\neq 0$ になる．そこで $H^0(\mathscr{F})$ の元の生成する $\mathscr{F}$ の部分層を $\mathscr{G}$ とおく．すると，$H^0(\mathscr{G})=H^0(\mathscr{F})$．$\mathscr{T}=\mathscr{F}/\mathscr{G}$ と商層を定義すれば，$\mathscr{T}$ は0次元の層である．さらに，

$$\dim H^0(\mathscr{T})=\chi(\mathscr{F})-\chi(\mathscr{G})=\deg\mathscr{F}-\deg\mathscr{G}.$$

$\tau=\dim H^0(\mathscr{F})$ とおくと，

$$\varDelta(\mathscr{G})=1+\deg\mathscr{G}-\dim H^0(\mathscr{G})=\varDelta(\mathscr{F})-\tau,$$

$$\deg\mathscr{G}=\deg\mathscr{F}-\tau=2\varDelta(\mathscr{F})-1-\tau=2\varDelta(\mathscr{G})+\tau-1.$$

$\tau\geqq 2$ と仮定しよう．$\deg\mathscr{G}\geqq 2\varDelta(\mathscr{G})+1$．よって定理3.27が役に立ち，$\varDelta(\mathscr{G})=\pi$ となる．$\varDelta(\mathscr{F})=\varDelta(\mathscr{G})+\tau\leqq\pi$ だからこれは矛盾である．すなわち，$\tau\leqq 1$ が示された．

$$\tau=0\quad\text{ならば}\quad\mathscr{G}=\mathscr{F}.$$

$$\tau=1\quad\text{ならば}\quad\dim H^0(\mathscr{F}/\mathscr{G})=1.$$

これを言葉でいうと，$\mathscr{F}$ の底点は高々1個で，存在しても単純ということである．

§3.23　単一生成定理

a）**補題3.16**　D を完備曲線 C 上の因子とし，D に付属した有理写像 Φ_D は双有理，かつ $\mathrm{Bs}\,|D|=\phi$ とする．さらに，$1+l=\dim H^0(C,\mathcal{O}(D))\geqq 4$ としよう．このとき，つぎの条件を満たす正因子 G が存在する：

（i）$\deg G=l-1$,

（ii）$\dim H^0(D-G)=2$,

（iii）$\mathrm{Bs}\,|D-G|=\phi$．　さらに　$\dim H^1(D-G)=\dim H^1(D)$.

証明　l についての帰納法で示す．$W=\Phi_D(C)$ は $\boldsymbol{P}^l$ 内の曲線で，$\boldsymbol{P}^l$ 内の超平面に含まれることはない．p,q を W 上の一般の点としよう．すると，p,q は W の非特異点であり，p,q を結ぶ $\boldsymbol{P}^l$ 内の直線 $L_{p,q}$ は W と一般の位置にて交わる（この詳しい意味は以下で述べる）．さて，$L_{p,q}$ は $l-1$ 枚の超平面 $\tilde{H}_1,\cdots,\tilde{H}_{l-1}$ の交わりと表せる：

$$L_{p,q}=\tilde{H}_1\cap\cdots\cap\tilde{H}_{l-1}.$$

そこで，$H_j=\tilde{H}_j|W$ とおこう．すると，$H_j\sim D$ であり，また集合論的に，

$$H_1\cap\cdots\cap H_{l-1}=\{p, q\}$$

でもあるが，さらに，因子の共通部分(最大公約因子)を考えても

$$H_1\wedge\cdots\wedge H_{l-1}=p+q$$

となる．これが，$L_{p,q}$ は W と一般の位置で交わること，の正しい意味なのである．このような $L_{p,q}$ の存在は読者の直観的な考察に委ねる．さて，$D_j=H_j-(p+q)$ は正因子であり，$D_1\wedge\cdots\wedge D_{l-1}=0$，そして，$D_j\sim D-(p+q)$ になっている．よって，$\mathrm{Bs}\,|D-(p+q)|=\phi$．それゆえ，$D'=D-p$ とおくと，$|D'|$ にも底点がない．実際，$|D'|=|D-p|\geqq q+|D-p-q|$ が成り立つから，$\mathrm{Bs}\,|D'|\subset\{q\}$．よって $\mathrm{Bs}\,|D'|\neq\phi$ ならば，$q=\mathrm{Bs}\,|D'|$．一方，p, q は一般の位置だから，$\mathrm{Bs}\,|D'|$ の点でない q をあらかじめとっておける．かくして，$\mathrm{Bs}|D'|=\phi$．さらに，$\mathrm{Bs}|D'-q|=\phi$ によると，$\Phi_{D'}$ は双有理写像になることがわかる．なぜならば，$q\neq q'$ を一つとるとき $\mathrm{Bs}\,|D'-q|=\phi$ なので，$|D'-q|$ の元 D_1 で，$q'\notin D_1$ を満たすのがある．$D_1+q\in|D'|$ だから，$D_1+q\ni q$，そして $\not\ni q'$．これは $\Phi_{D'}(q)\neq\Phi_{D'}(q')$ を意味する．すなわち，$\Phi_{D'}$ は双有理写像である．

一方，$\dim H^0(D')=\dim H^0(D)-1=l$．よって，$l\geqq 4$ ならば，D' について帰納法の仮定が使える．ゆえに，正因子 G' があり，補題の主張(i), (ii), (iii)を満たす．$G=q+G'$ とおけば，D についての(i), (ii), (iii)が満たされる．さて，$l=3$ としよう．$\Phi_{D'}$ による C の像 W' は $\boldsymbol{P}^2$ 内の曲線になる．q を W' の一般の点とすれば，$\mathrm{Bs}\,|D-q|=\phi$．実際，q を通る $\boldsymbol{P}^2$ の直線 L_q を一般にとれば，L_q と W' は正規交差する．ゆえに，$\Phi_{D'}{}^*(L_q|W')$ は D と線型同値でかつ q での係数は1である．よって，$\mathrm{Bs}\,|D'-q|=\phi$．$G'=q$ とすると，D' につき主張の(i), (ii), (iii)が満たされる．さて，D については $G=p+q$ とおけばよい．

そして，D と $D-G$ について，Riemann-Roch の定理を用いると，$\dim H^0(D-G)=\dim H^0(D)-\deg G$ より $\dim H^1(D-G)=\dim H^1(D)$ を得る．∎

b)　補題3.17　C を完備代数曲線，$\mathcal{F}$ を準因子，D を正因子とする．このとき，

(イ)　$\mathcal{F}=\omega_C$,

または

(ロ)　$\deg\mathcal{F}\geqq 2\Delta(\mathcal{F})$,　$H^0(\mathcal{F}(-D))=0$,　$H^0(\mathcal{F})\neq 0$,

または

（ハ）　$\deg \mathcal{F} \geqq 2\Delta(\mathcal{F})$，　$H^0(\mathcal{F}) \neq 0$，　$\deg D \geqq 2\pi+1$　$(\pi=\dim H^1(C, \mathcal{O}))$
のいずれかが成り立てば，不等式

$$2\dim H^0(\mathcal{F})+\dim H^0(D) \geqq \dim H^0(\mathcal{F}(D))+\dim H^0(\mathcal{F}(-D))+2$$

が成立する．

証明　（イ）については容易にわかる．すなわち，$D>0$ だから，

$$\dim H^0(\omega(D)) = 1-\pi+2\pi-2+\deg D,$$
$$\dim H^0(\omega(-D)) = 1-\pi+2\pi-2-\deg D+\dim H^1(\omega(-D)).$$

SII_C によって，

$$\dim H^1(\omega(-D)) = \dim H^0(D).$$

ゆえに，

$$\dim H^0(\omega(D))+\dim H^0(\omega(-D))-\dim H^0(D)+2 = 2\pi.$$

したがって，$\dim H^0(\omega)=\pi$ により，証明すべき不等式は等式として成立することがわかった．

（ロ）を仮定しよう．$H^0(\mathcal{F})=\mathrm{Hom}(\mathcal{O}, \mathcal{F}) \neq 0$ だから，$0 \neq \varphi \in \mathrm{Hom}(\mathcal{O}, \mathcal{F})$ をとると，$\mathcal{T}=\mathrm{Coker}\,\varphi$ は 0 次元の層であり，つぎの完全系列

$$0 \longrightarrow \mathcal{O} \longrightarrow \mathcal{F} \longrightarrow \mathcal{T} \longrightarrow 0$$

を得る．$\mathcal{O}(D)$ をテンソル積して，

$$0 \longrightarrow \mathcal{O}(D) \longrightarrow \mathcal{F}(D) \longrightarrow \mathcal{T}(D) = \mathcal{T} \longrightarrow 0$$

を得る．これによって，

$$0 \longrightarrow H^0(D) \longrightarrow H^0(\mathcal{F}(D)) \longrightarrow H^0(\mathcal{T}) \longrightarrow H^1(\mathcal{O}(D))$$

となる完全系列を得る．$\deg \mathcal{F}=\dim H^0(\mathcal{T})$ によると，

$$\dim H^0(\mathcal{F}(D)) \leqq \dim H^0(D)+\deg \mathcal{F}$$

に到る．さて，仮定 $\deg \mathcal{F} \geqq 2\Delta(\mathcal{F})=2+2\deg \mathcal{F}-2\dim H^0(\mathcal{F})$ によると，

$$\deg \mathcal{F} \leqq 2\dim H^0(\mathcal{F})-2$$

を得るから，上式と組み合せて，

$$\begin{aligned}\dim H^0(\mathcal{F}(D))+2 &\leqq \dim H^0(D)+\deg \mathcal{F}+2\\ &\leqq \dim H^0(D)+2\dim H^0(\mathcal{F})\end{aligned}$$

となり，目的の不等式を得る．

（ハ）を仮定しよう．$H^0(\mathcal{F}(-D))=0$ ならば，（ロ）で示されている．そこで，$H^0(\mathcal{F}(-D)) \neq 0$ を仮定して示せばよい．このとき，$\deg D \leqq \deg \mathcal{F}$ になる（補

題2.9)ので，$\deg\mathscr{F}\geqq\deg D\geqq 2\pi+1$ を得る．定理2.7によると，$H^1(\mathscr{F})=0$. したがって，

$$\dim H^0(\mathscr{F})=1-\pi+\deg\mathscr{F}\geqq\pi+2.$$

よって，次数 $\pi+1$ の一般正因子 G をとると，

$$\dim H^0(\mathscr{F}(-G))=\dim H^0(\mathscr{F})-\pi-1\geqq 1,$$
$$\dim H^0(D-G)=\dim H^0(D)-\pi-1=-2\pi+\deg D\geqq 1$$

となる．そこで，$0\neq\psi\in\mathrm{Hom}\,(\mathcal{O}(-D),\mathcal{O}(-G))\simeq H^0(D-G)$ を選び，完全系列

$$0\longrightarrow\mathcal{O}(-D)\longrightarrow\mathcal{O}(-G)\longrightarrow\mathrm{Coker}\,\psi\longrightarrow 0$$

を得る．これに $\mathscr{F}$ をテンソル積して，完全系列

$$\mathscr{F}(-D)\longrightarrow\mathscr{F}(-G)\longrightarrow\mathscr{F}\otimes\mathrm{Coker}\,\psi\longrightarrow 0$$

ができる．$\mathscr{F}(-D)$ は準因子だから，$\mathscr{F}(-D)\to\mathscr{F}(-G)$ は単射になる．よって，

$$\dim H^0(\mathscr{F}(-D))\leqq\dim H^0(\mathscr{F}(-G))$$

を得た．$\deg\mathscr{F}(D)=\deg\mathscr{F}+\deg D\geqq 2(2\pi+1)$ によると，もちろん $H^1(\mathscr{F}(D))=0$ (定理2.7)になる．ゆえに，

$$\begin{aligned}
&\dim H^0(\mathscr{F}(D))+\dim H^0(\mathscr{F}(-D))+2\\
&\quad\leqq 1-\pi+\deg\mathscr{F}(D)+\dim H^0(\mathscr{F}(-G))+2\\
&\quad\leqq 1-\pi+\deg\mathscr{F}+\deg D+\dim H^0(\mathscr{F})-(\pi+1)+2\\
&\quad=\dim H^0(\mathscr{F})+(1-\pi)+\deg\mathscr{F}+(1-\pi)+\deg D\\
&\quad=2\dim H^0(\mathscr{F})+\dim H^0(D).
\end{aligned}$$
∎

c)　定理 3.29　C を完備代数曲線，$\pi=\dim H^1(C,\mathcal{O})$ とし，$\mathscr{F}$ を C の準因子，D を正因子とする．$\mathscr{F}$ は $H^0(\mathscr{F})$ で生成され，$|D|$ は底点がなく，Φ_D は双有理写像である，と仮定し，さらに，不等式

$$2\dim H^0(\mathscr{F})+\dim H^0(D)\geqq\dim H^0(\mathscr{F}(D))+\dim H^0(\mathscr{F}(-D))+2$$

が成立しているとしよう．このとき，テンソル積の定める自然な写像

$$m:\ H^0(\mathscr{F})\otimes H^0(D)\longrightarrow H^0(\mathscr{F}(D))$$

は全射になる．

証明　(1)　次数が $\dim H^0(D)-2$ の一般正因子を選び，それを G とする．このとき

$$(*)\qquad 2\dim H^0(\mathscr{F})\geqq\dim H^0(\mathscr{F}(D-G))+\dim H^0(\mathscr{F}(G-D))$$

が成立する．$\dim H^0(D-G)=2$ であるから，上の式は仮定の不等式の D を

$D-G$ におきかえたものとみられる.

[(*) の証明] $\mathcal{O}\subset\mathcal{O}(D)$ とみられるから, $\mathcal{F}\subset\mathcal{F}(D)$ を得る. よって, $\dim H^1(\mathcal{F})\geqq\dim H^1(\mathcal{F}(D))$ (補題 2.9 (i)). さて, これにより,

$$\begin{aligned}&2\dim H^0(\mathcal{F})-\dim H^0(\mathcal{F}(D))\\&=\dim H^1(\mathcal{F})+\dim H^1(\mathcal{F})-\dim H^1(\mathcal{F}(D))\\&\quad+2(1-\pi)+2\deg\mathcal{F}-(1-\pi)-\deg\mathcal{F}(D)\\&\geqq 1-\pi+\deg\mathcal{F}(-D)\end{aligned}$$

と変形しよう. さらに,

$$\dim H^0(\mathcal{F}(-D))=\dim H^1(\mathcal{F}(-D))+1-\pi+\deg\mathcal{F}(-D)$$

を代入して,

$$(**)\qquad 2\dim H^0(\mathcal{F})\geqq\dim H^0(\mathcal{F}(D))+\dim H^0(\mathcal{F}(-D))-\dim H^1(\mathcal{F}(-D))$$

を得る. そこで, 次数 $\dim H^0(D)-2$ の一般正因子 G を考えよう. すると, $H^0(\mathcal{F})\neq 0$ だから, $\dim H^0(\mathcal{F}(D-G))=\dim H^0(\mathcal{F}(D))-\deg G$. 一方, 一般の G に対して, $\dim H^1(\mathcal{F}(-D+G))=\max\{0,\dim H^1(\mathcal{F}(-D))-\deg G\}$. 実際, 一般の点 p をとると, $\dim H^1(\mathcal{F})>0$ ならば, $\dim H^1(\mathcal{F}(p))=\dim H^1(\mathcal{F})-1$. また, $\dim H^1(\mathcal{F})=0$ ならば, $\dim H^1(\mathcal{F}(p))=0$ だからなのである. したがって, つぎのように場合にわけて論じなければならない.

(甲) $\dim H^1(\mathcal{F}(-D))\geqq\deg G=\dim H^0(D)+2$ の場合.

$$\dim H^1(\mathcal{F}(-D+G))=\dim H^1(\mathcal{F}(-D))-\deg G$$

なので,

$$\dim H^0(\mathcal{F}(-D+G))=\dim H^0(\mathcal{F}(-D)).$$

ゆえに,

$$\begin{aligned}&\dim H^0(\mathcal{F}(D-G))+\dim H^0(\mathcal{F}(G-D))\\&=\dim H^0(\mathcal{F}(D))-\deg G+\dim H^0(\mathcal{F}(-D)).\end{aligned}$$

定理の条件の不等式により,

$$\text{上式}\leqq 2\dim H^0(\mathcal{F}).$$

(乙) $\dim H^1(\mathcal{F}(-D))<\deg G=\dim H^0(D)-2$ の場合.

$\dim H^1(\mathcal{F}(G-D))=0$ が成立する. よって,

$$\dim H^0(\mathcal{F}(G-D))=1-\pi+\deg\mathcal{F}+\deg G-\deg D.$$

$$\begin{aligned}&\dim H^0(\mathcal{F}(D-G))+\dim H^0(\mathcal{F}(G-D))\\&\quad=\dim H^0(\mathcal{F}(D))-\deg G+1-\pi+\deg\mathcal{F}+\deg G-\deg D\\&\quad=\dim H^0(\mathcal{F}(D))+\deg\mathcal{F}(-D)+1-\pi\\&\quad=\dim H^0(\mathcal{F}(D))+\dim H^0(\mathcal{F}(-D))-\dim H^1(\mathcal{F}(-D)).\end{aligned}$$

$(**)$によって,

$$\text{上式}\leqq 2\dim H^0(\mathcal{F}).$$ ∎

(2) $H^0(D-G)$の底(φ_1,φ_2)をとろう. 正因子(φ_1)と(φ_2)とは共通点を持たない. よって, $\psi_1,\psi_2\in H^0(\mathcal{F})$をとり,

$$\varphi_1\otimes\psi_1-\varphi_2\otimes\psi_2\in \operatorname{Ker}(H^0(\mathcal{F})\otimes H^0(D-G)\xrightarrow{m}H^0(\mathcal{F}(D-G)))$$

とすると, $\varphi_1\psi_1=\varphi_2\psi_2\in H^0(\mathcal{F}(D-G))$なので,

$$(\varphi_1)+(\psi_1)=(\varphi_2)+(\psi_2).$$

$\operatorname{Supp}(\varphi_1)\cap\operatorname{Supp}(\varphi_2)=\phi$によると, $(\psi_2)\geqq(\varphi_1)$かつ$(\psi_1)\geqq(\varphi_2)$. これによると, $\psi\in H^0(\mathcal{F}(-D+G))$があって, $\psi_2=\psi\varphi_1$と書かれ, $\varphi_1\psi_1=\varphi_2\psi\varphi_1$に注意すると, $\psi_1=\psi\varphi_2$を得る. ゆえに

$$\begin{array}{l}0\longrightarrow H^0(\mathcal{F}(G-D))\longrightarrow H^0(\mathcal{F})\otimes H^0(D-G)\xrightarrow{\ m\ }H^0(\mathcal{F}(D-G))\quad(\text{完全})\\ \qquad\quad\ \psi\longmapsto(\varphi_2\psi)\otimes\varphi_1-(\varphi_1\psi)\otimes\varphi_2\end{array}$$

を得る. 一方, $(*)$を変形した式

$$\begin{aligned}\dim H^0(\mathcal{F}(D-G))&=2\dim H^0(\mathcal{F})-\dim H^0(\mathcal{F}(G-D))\\&=\dim\{H^0(\mathcal{F})\otimes H^0(D-G)\}-\dim H^0(\mathcal{F}(G-D))\end{aligned}$$

により,

$$m\colon H^0(\mathcal{F})\otimes H^0(D-G)\longrightarrow H^0(\mathcal{F}(D-G))$$

は全射, となることがわかった.

(3) 一般につぎのことを示す.

補題 3.18 D,GをC上の正因子, $\mathcal{F}$を準因子とし, $\mathcal{F}$はGの近傍で可逆的としよう.

(i) $m:H^0(\mathcal{F})\otimes H^0(D-G)\to H^0(\mathcal{F}(D-G))$は全射,

(ii) $H^0(D)\to H^0(D|G)$は全射,

(iii) $H^0(\mathcal{F})\neq 0$

を満たすとき,

$$m:\ H^0(\mathscr{F})\otimes H^0(D)\longrightarrow H^0(\mathscr{F}(D))$$

も全射になる.

証明 完全系列

$$0\longrightarrow \mathscr{O}(D-G)\longrightarrow \mathscr{O}(D)\longrightarrow \mathscr{O}(D)\,|\,G=\mathscr{O}_G\longrightarrow 0$$

から, (ii) により

$$0\longrightarrow H^0(D-G)\longrightarrow H^0(D)\longrightarrow H^0(D\,|\,G)\longrightarrow 0\quad(\text{完全})$$

を得る. さらに, $\mathscr{F}(D)\,|\,G\simeq\mathscr{O}_G$, $H^0(\mathscr{F})\neq 0$ に注意すると,

$$m:\ H^0(\mathscr{F})\otimes H^0(D\,|\,G)\longrightarrow H^0(\mathscr{F}(D)\,|\,G)$$

は全射, がわかる.

かくして, つぎの可換完全図式 3.6 を得る.

$$\begin{array}{ccccccccc}
0\longrightarrow & H^0(\mathscr{F})\otimes H^0(D-G) & \longrightarrow & H^0(\mathscr{F})\otimes H^0(D) & \longrightarrow & H^0(\mathscr{F})\otimes H^0(D\,|\,G) & \longrightarrow 0\\
 & \downarrow m & & \downarrow m & & \downarrow m & \\
0\longrightarrow & H^0(\mathscr{F}(D-G)) & \longrightarrow & H^0(\mathscr{F}(D)) & \longrightarrow & H^0(\mathscr{F}(D)\,|\,G) & \\
 & \downarrow & & \vdots & & \downarrow & \\
 & 0 & & 0 & & 0 &
\end{array}$$

図式 3.6

そこで矢印を追求して, 結論を得る. ▮

定理 3.29 の証明を続けよう.

(4) G は一般の正因子であり, $\dim H^0(G,\mathscr{O})=\deg G$ になる. $\dim H^0(D)=\dim H^0(D-G)+\deg G$ によると,

$$H^0(D)\longrightarrow H^0(D\,|\,G)\quad\text{が}\quad\text{全射}$$

になることを知る. (2) により, 補題 3.18 が直ちに使える状態になった. かくして, 定理 3.29 の結論に到る. ▮

d) 系 1 C を完備代数曲線, さらに Gorenstein 曲線で, $\pi=\dim H^1(C,\mathscr{O})\geqq 2$ とし, ω_C は双有理写像を定義するものとしよう. このとき, ω_C は単一生成的である.

とくに, C が非特異で, かつ超楕円的でない曲線とすれば, $K(C)$ は単一生成的になる.

証明 ω_C は底点がないから, 補題 3.17 の (イ), および定理 3.29 を用いれば

よい. ▌

この系こそ, M. Noether の定理であって, II, §6.7 で予告されたものである.

系2　C を完備代数曲線, D を $\deg D \geqq 2\pi+1$ の正因子, D_1 を $\deg D_1 \geqq 2\pi$ の因子とする. このとき

$$m:\ H^0(D_1)\otimes H^0(D) \longrightarrow H^0(D_1+D)$$

は全射, である. とくに, D は単一生成的になる.

証明　補題3.17(ハ)に注意して, 定理3.29を用いればよい. ▌

系3　系2と同じ条件下で,

$$m:\ H^0(\omega_C)\otimes H^0(D) \longrightarrow H^0(\omega_C(D))$$

は全射, が成立する. ——

§3.24　梯子定理

a)　特異代数曲線論を基に, (準)偏極多様体 (V, D) の構造理論を再構築しよう. さて, $|D|$ の元 D が素因子のとき, D を (V, D) の(**梯子**)**段** (rung) という. もし $H^0(V, D)\to H^0(D, D\,|\,D)$ が全射ならば, とくに D を**正則**(**梯子**)**段**という.

V_1 を (V, D) の段とし, $D_1=D\,|\,V_1$ とおく. (V_1, D_1) に段 V_2 があるとき, $D_2=D_1\,|\,V_2$ とおく. このように順次, 段 $V_1, V_2, \cdots, V_{n-1}$ のあるとき ($n=\dim V$ とした),

$$\{V_1, V_2, \cdots, V_{n-1}\}$$

を (V, D) の**藤田の梯子**という. $\dim V_j=n-j$ だから, とくに, V_{n-1} は(特異)代数曲線である. さて, $(V_{n-1}, D\,|\,V_{n-1})$ についての定理は, 前節でいくつか示

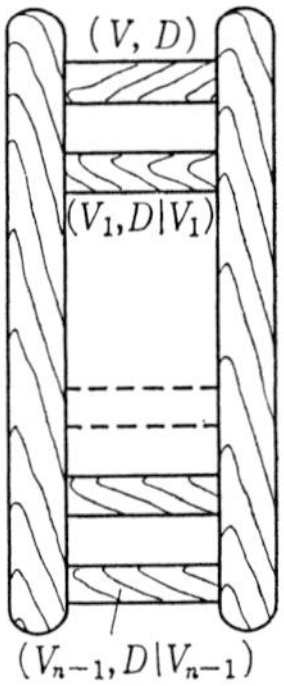

図3.3　藤田の梯子

された．それが第1段の定理である．そして，帰納的定理を開発して，V_{n-1} から V_{n-2} へ，V_{n-2} から V_{n-3} へ等々と，梯子段をかけ登れるようにすると，最上段の定理，すなわち目的の定理が得られてしまう．

b）補題 3.19 (V, D) を準偏極多様体，V を Cohen-Macaulay 多様体とし，また D は非退化で，$\mathrm{Bs}\,|D|$ は有限集合とする．このとき (V, D) は段をもつ．

証明 仮定より，$|D|$ の一般の元 V_1 は既約である．D が正因子ならば，単項イデアルで局所的に定義される．よって V_1 は Cohen-Macaulay 多様体となる．したがって各点 $x \in V_1$ で考えるとき，$\mathcal{O}_{V_1,x}$ の 0 は埋没素因子をもたない．ゆえに，V_1 は素因子となる．▮

さて，定理 3.12 を思い出すと，つぎの定理を得る．

定理 3.30 (V, D) を非特異偏極多様体とし，(イ) $\mathrm{Bs}\,|D|$ は有限集合，(ロ) $D^n \geqq 2\Delta(V, D)-1$ と仮定する．このとき，(V, D) は段 V_1 をもつ．――

定理 3.30 は，最上段の (V, D) から，一つ下の段 $(V_1, D\,|\,V_1)$ の存在を保証する．さらに下の方の段はあるかもしれぬがよくみえない．この気持を図示すると雲上梯子の図を得る．しかも，$D_1 = D\,|\,V_1$ とおくと，

$$D_1^{n-1} = D^n, \quad \Delta(V_1, D_1) \leqq \Delta(V, D), \quad \mathrm{Bs}\,|D_1| \subset \mathrm{Bs}\,|D|$$

なので，(V_1, D_1) に対しても定理 3.30 の条件 (イ)，(ロ) が成立することがわかる．

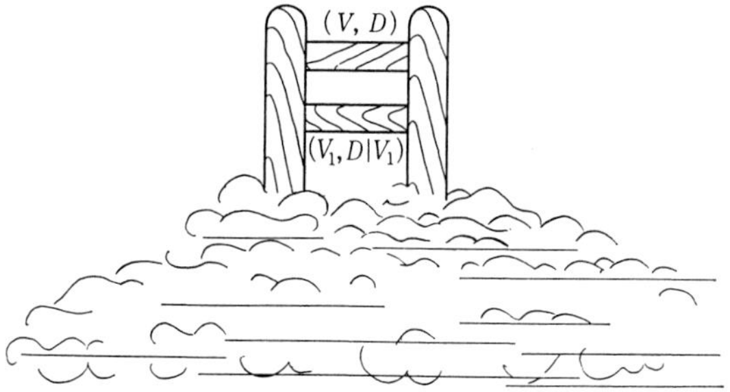

図 3.4 雲上梯子の図

系 定理 3.30 の条件のもとで，(V, D) には梯子

$$\{V_1, V_2, \cdots, V_{n-1}\}$$

がある．――

§3.25　藤田の埋入定理 その2

a)　定理 3.31　(V, D) を非特異偏極多様体，$n=\dim V$ とする．(イ) $\mathrm{Bs}\,|D|$ は有限集合，(ロ) $\Delta(V, D)\leqq g(V, D)$ を仮定するとき，つぎの結論を得る：

(i)　$D^n\geqq 2\Delta(V, D)-1$ ならば，(V, D) は正則梯子をもつ，

(ii)　$D^n\geqq 2\Delta(V, D)$ ならば，$\mathrm{Bs}\,|D|=\phi$，

(iii)　$D^n\geqq 2\Delta(V, D)+1$ ならば，$\Delta(V, D)=g(V, D)$．そして，D は単一生成的因子．よって D は超平面切断因子.

証明　(i) を示そう．定理 3.30 の系により，(V, D) には梯子

$$V\supset V_1\supset V_2\supset\cdots\supset V_{n-1}$$

が存在する．$D_{n-1}=D\,|\,V_{n-1}$ とおくと，(V_{n-1}, D_{n-1}) は(特異)偏極曲線になる．補題 3.3 により，$\Delta(V_{n-1}, D_{n-1})\leqq\Delta(V, D)$，$g(V_{n-1}, D_{n-1})=g(V, D)$ が成立する．もし，上の梯子が正則でないならば，$\Delta(V_{n-1}, D_{n-1})<\Delta(V, D)$．よって，

$$\deg D_{n-1}=D^n\geqq 2\Delta(V, D)-1\geqq 2\Delta(V_{n-1}, D_{n-1})+1.$$

定理 3.27 によると，$\Delta(V_{n-1}, D_{n-1})=g(V_{n-1}, D_{n-1})$．すると，

$$\Delta(V, D)\geqq\Delta(V_{n-1}, D_{n-1})+1=g(V_{n-1}, D_{n-1})+1=g(V, D)+1.$$

これは，仮定 $g(V, D)\geqq\Delta(V, D)$ に反する．

(ii) を示そう．(i) で示した正則梯子を利用する．定理 3.28 により，$\mathrm{Bs}\,|D_{n-1}|=\phi$．梯子の正則性により補題 3.3 を用いて，$\mathrm{Bs}\,|D|\subset\mathrm{Bs}\,|D_{n-1}|=\phi$.

(iii) も同様に示される．すなわち，定理 3.29 により (V_{n-1}, D_{n-1}) に対して，結論が正しいから，補題 3.4 を使えばよいのである．∎

このようにして，定理 3.23 の別証が極めて短く済んでしまったのである．正規曲面 V_{n-2} の代りに特異曲線 V_{n-1} を活用したのが成功の主因であり，V_{n-1} の理論は Cohen-Macaulay 環の理論，Cohen-Macaulay 多様体上の Serre の双対律によって構成された．これこそ，本講のモチーフ“環論の代数幾何学への応用”なのである．

b)　定理 3.32　定理 3.31 (i) の条件下で，つぎのことがいえる．$|D|$ の一般の元は非特異．したがって，(V, D) に対して非特異な正則梯子が存在する．

証明　(V, D) の正則梯子：$V\supset V_1\supset V_2\supset\cdots\supset V_{n-1}$ をとり，$D_j=D\,|\,V_j$ とおく ($V=V_0$，$D=D_0$ とする)．正則性により，

$$H^0(D_j)\longrightarrow H^0(D_{j+1})$$

は全射になることがわかる．したがって，$H^0(D_j)$ の元の生成する $\mathcal{O}(D_j)$ の部分層を $\mathcal{F}_j$ とおくと，$\mathcal{F}_j|V_{j+1}=\mathcal{F}_{j+1}$．一方，$\mathcal{O}(D_j)=\mathcal{O}(D_{j+1})|V_{j+1}$ なので，$\mathcal{O}(D_j)/\mathcal{F}_j\rightleftarrows\mathcal{O}(D_{j+1})/\mathcal{F}_{j+1}$．それゆえ，

$$\mathcal{F}_j|(V_j-V_{j+1})=\mathcal{O}(D_j)|(V_j-V_{j+1}).$$

そこで，代数曲線 V_{n-1} 上で考える．

$$\Delta(V,D)=\Delta(V_1,D_1)=\cdots=\Delta(V_{n-1},D_{n-1}),$$
$$g(V,D)=g(V_1,D_1)=\cdots=g(V_{n-1},D_{n-1}),$$
$$D^n={D_1}^{n-1}=\cdots=\deg D_{n-1}$$

なので，もし $\deg D_{n-1}\geqq 2\Delta(V_{n-1},D_{n-1})$，すなわち，$D^n\geqq 2\Delta(V,D)$ ならば定理3.31(ii)により，$\mathrm{Bs}\,|D|=\phi$．このときは，Bertini の定理により，V_1 $(=|D|$ の一般の元) は非特異である．よって，$\mathrm{Bs}\,|D|\neq\phi$ とすると，$\deg D_{n-1}=2\Delta(V_{n-1},D_{n-1})-1$．§3.22, d) によると，$\dim H^0(V_{n-1},\mathcal{O}(D_{n-1})/\mathcal{F}_{n-1})=1$．ゆえに，

$$\dim H^0(V,\mathcal{O}(D)/\mathcal{F}_0)=\cdots=\dim H^0(V_{n-1},\mathcal{O}(D_{n-1})/\mathcal{F}_{n-1})=1.$$

したがって，

$$\mathrm{Supp}\,(\mathcal{O}(D)/\mathcal{F}_0)=\cdots=\mathrm{Supp}\,(\mathcal{O}(D_{n-1})/\mathcal{F}_{n-1})=\{p\}$$

と書けるうえに，$(\mathcal{F}_0)_p$ が $\mathcal{O}(D)_p\rightleftarrows\mathcal{O}_p$ の極大イデアル $\mathfrak{m}$ になることまでわかった．すなわち，$\varphi\in(\mathcal{F}_0)_p$ は $\sum a_j\varphi_j$ $(\varphi_j\in H^0(D),\ a_j\in\mathcal{O}_p)$ と書かれるので，或る $\varphi_j\in H^0(D)$ は $\mathfrak{m}-\mathfrak{m}^2$ ($\mathfrak{m}$ は $\mathcal{O}_p$ の極大イデアル) に属さねばならない．よって，因子 (φ_j) $(\in|D|)$ は p で非特異である．かくして，V_1 が非特異になった．(V_1,D_1) について同様の考察によると，$V_2,\cdots$ も非特異である．かくして，証明が完結される．▮

このようにして，難しかった定理3.20(非特異性定理)も鮮かに短く証明されるのである．

c) 定理3.32で補強された定理3.31は完備な内容のものである．各条件を一つでもはずすと，直ちに反例ができる．しかし，そのような反例はむしろ例外的なことが認識され得るのである．たとえば，

(iii) $D^n\geqq 2\Delta(V,D)+1\Longrightarrow\Delta(V,D)=g(V,D)$

を基につぎの問をあげうる．

(iii)* $D^n=2\Delta(V,D)$ かつ $\Delta(V,D)>g(V,D)$．このとき，(V,D) はどのようなものになるか？

$n=1$ のとき，これに答えるものは，II，定理6.9(精密化された Clifford の定理)なのであり，決して容易すぎる内容のものではない．このように，定理3.31の条件の吟味は，Clifford の定理の高次元への一般化精密化などの豊富な新しい問題を産出する．これらについて関心のある読者は第3章の問題に従い，いろいろ考えてみるとよい．

問　　題

1　C を $\boldsymbol{P}^2$ 内の尖点 p をもつ既約3次曲線とする．$\boldsymbol{P}^2$ 内の p を通らぬ(可約かもしれない) m 次曲線を D_m と書く．$C\cap D_m=\{p_1, \cdots, p_{3m}\}$ とおく．ただし，$q\in C\cap D_m$ をとり $\nu=I_q(C, D_m)$ ならば，q を ν 個ならべて書く．

さて，$G=C-p$ はただ1個しかない変曲点を原点にした1次元代数群とみられるから，その定める加法を $+$ で書く．このとき，

(i)　$p_1+\cdots+p_{3m}=0$.

(ii)　$q_1, \cdots, q_{3m}\in G$ をとり $q_1+\cdots+q_{3m}=0$ ならば，或る D_m が存在し $\{q_1, \cdots, q_m\}=C\cap D_m$ となる．

2　$S=(S, D)$ を Del-Pezzo 曲面とし，$N(S)=\mathcal{G}(S)/\mathcal{G}(S)^{\perp}$ を II，§8.4のように定義する．このとき，

(i)　$N(S)$ は自由 Abel 群，その階数は $9-d$ ($d=D^2\geqq 3$ とする)．

(ii)　$N(S)$ の交点型式を求めよ．

(iii)　$K(S)=-D$ の定める $N(S)$ の元を ξ とし，$M=\{\xi\}^{\perp}=\{\eta\in N(S)\,;\,(\eta, \xi)=0\}$ とおく．$\eta_1, \eta_2\in M$ に対し，$\langle\eta_1, \eta_2\rangle=-(\eta_1, \eta_2)$ とおくと，$M\otimes\boldsymbol{Q}$ は $\boldsymbol{Q}$ 上の Euclid 空間になる．

(iv)　$R=\{\eta\in M\,;\,\langle\eta, \eta\rangle=2\}$ を求めよ．

(v)　$E=\{\eta\in N\,;\,(\eta, \eta)=-1,\ (K(S), \eta)=-1\}$ の個数を求めよ．

3　C を非特異完備代数曲線とする．D を C 上の正因子とする．$|D|$ の固定成分因子を $\mathrm{Bs}\,|D|$ と書くとき，

$$\begin{aligned}\deg \mathrm{Bs}\,|D| &\leqq 2\Delta(C, D)-\deg D\\ &=2+\deg D-2l(D).\end{aligned}$$

4　C を $\pi=\dim H^1(C, \mathcal{O})\geqq 2$ の Gorenstein 曲線とする．ω_C に付属した有理写像の性質を調べよ．

5　C を種数 $g\geqq 2$ の非特異完備代数曲線とする．D を C 上の正因子，K を C の標準因子とする．

$l(K-D)>0$ のとき，$l(D)+l(K-D)\leqq g+1$ であり，さらに $l(D)+l(K-D)=g+1$ が成立するとき，$D=0$, $D=K$, または C は超楕円曲線であった(II，定理6.9(精密化さ

れた Clifford の定理)).

さて，そのうえ C が超楕円曲線で，$D\neq 0$，$D\neq K$ のとき，D は，C の 2 重被覆 $f=\Phi_K$: $C\to \boldsymbol{P}^1$ により，$D=f^*\mathfrak{d}$ と正因子 $\mathfrak{d}$ を用いて表されることを証明せよ.

6 C を種数 g の非特異完備代数曲線とする．D を C 上の正因子とし，$\deg D=2\Delta(C, D)$，かつ D は超平面切断因子でないと仮定する．このとき，或る $p_1, p_2\in C$ により $D=K+p_1+p_2$ と書けるか，または C が超楕円曲線で，$D=f^*(\mathfrak{d})$ と表されることを示せ.

7 (V, D) を n 次元非特異偏極多様体とする．$g(V, D)\geqq\Delta(V, D)$ かつ $\mathrm{Bs}\,|D|$ は有限集合と仮定する.

(イ) $D^n\geqq 2\Delta(V, D)$ かつ $g(V, D)>\Delta(V, D)$ のとき，つぎのことを示せ.

(i) $D^n=2\Delta(V, D)$,

(ii) $|D|$ の独立な一般の元 $D^{(1)},\cdots,D^{(n-1)}$ をとるとき，$D^{(1)}\cap\cdots\cap D^{(n-1)}=\Gamma$ は非特異曲線であり，$D|\Gamma\sim K(\Gamma)$ または Γ は超楕円曲線，になる.

(ロ) $n=2$ に限り，上記 (ii) の結論を精密にして，必要十分条件を見出せ.

(ハ) $D^n\geqq 2\Delta(V, D)$ かつ D は超平面切断因子でないと仮定する．このような (V, D) を決定せよ.

(ニ) $D^n\geqq 2\Delta(V, D)$ かつ D は単一生成的でないと仮定する．このような (V, D) をすべて求めよ.

(ホ) $D^n\geqq 2\Delta(V, D)-2$ かつ $|D|$ の一般元 D には特異点があると仮定する．このとき D の特異性の度合を調べよ.

8 V を完備代数多様体とし，L を V 上の Cartier 因子とする．つぎの 2 条件は同値になる.

(a) 任意の閉部分代数多様体 W をとり $s=\dim W$ とすると，$(L^s; W)\geqq 0$,

(b) 任意のアンプル因子 A と任意の $m\geqq 1$ とに対して，$A+mL$ はアンプル因子.

このとき L を**数値的に半正値**という.

L が半正値ならば数値的半正値だが，この逆は必ずしも成立しない．この例をあげよ.

9 (V, D) を非特異偏極多様体とし，$n=\dim V$ とおく．$D^n\geqq 2\Delta(V, D)-1$，$g(V, D)\geqq\Delta(V, D)$，$\mathrm{Bs}\,|D|$ は有限集合，を仮定する．$\mathrm{Bs}\,|D|\neq\phi$ とし，$p\in\mathrm{Bs}\,|D|$ をとる．さて，$|D|$ の独立な一般の元 $D, D', \cdots, D^{(n-1)}$ を選ぶと，これらのつくる因子 $D+D'+\cdots+D^{(n-1)}$ は p で正規交叉型となることを証明せよ.

10 §3.2, d) において構成した $V=\boldsymbol{P}(\mathscr{F})$，$D=\mathcal{O}_V(1)$ の因子，の対につき，$g(V, D)$ を直接求めよ.

11 Del-Pezzo 曲面の自己同型群を求めよ.

12 (S, D) を Del-Pezzo 曲面の偏極多様体とするとき，

$$\mathrm{BDR}(S, D)=\mathrm{Aut}(S, D)=\mathrm{Aut}(S)$$

が成立することを証明せよ.

以上の問題3, 4, 5, 6, 7, 9に関係して，藤田隆夫のマンハイム便りの一部を抜き書きする．

23. Juni, 1977

……………

C を代数曲線とし，$\deg D \geqq 2\varDelta(C, D)$，$\pi > \varDelta(C, D)$ で D は単一生成的でないもの，というのは，まず $\deg D = 2\varDelta(C, D)$ が trivial．それから，C が超楕円的で，D が $\boldsymbol{P}^1$ からきている場合を除くと，$\varDelta(C, D) \leqq \pi - 2$ が出ます．それから，Φ_D は双有理がでて，それ以上はどうも ?? もう少しみると，ちゃんと矛盾が出る．昔のノートをひっくり返してみたら証明がみつかりました．

一般に，(V, D) を非特異偏極多様体として，$\mathrm{Bs}\,|D| = \phi$，$D^n \geqq 2\varDelta(V, D)$，$g(V, D) > \varDelta(V, D)$ とすると，$D^n = 2\varDelta(V, D)$．

そこで，$D^n = 2\varDelta(V, D)$，$g(V, D) \geqq \varDelta(V, D)$，$\mathrm{Bs}\,|D| = \phi$ の場合を考えることにします．

$n=1$ は $\begin{cases} (V, D) \text{ は超楕円的，　または} \\ \Phi_D \text{ は双有理的．　このときは} \end{cases}$

$g(V, D) = \varDelta(V, D)$　　（このとき D は単一生成的か？）

または　$D = K(V)$．

$n \geqq 2$ については，昔のノートによるとこうなっています．以下，V を非特異と仮定します．

まず，$\mathrm{Bs}\,|D| = \phi$ となるから，ついで Φ_D をみる．すると，$\deg \Phi_D = 1$ または2.

(A)　$\deg \Phi_D = 2$ のとき（超楕円型とでもよびたい）．

$W = \Phi_D(V) \subset \boldsymbol{P}^l$ $(l = \dim |D|)$ とすると，$\varDelta(W, H) = 0$．W が非特異なら，そのような W の分類は完ぺきだし，また V が非特異なので，$V \to W$ は2重巡回被覆，その分岐因子は非特異．よって，非特異な W に対応する V の分類も完ぺき，とみなせる．

一般にも，V 上に正則対合 ι があって，$W = V/\iota$ となる．これと $\varDelta(W, H) = 0$ より W の特異性は次の非常に限られた可能性しかない：

(イ)　codim（ι の不動点集合）$=2$，W は $\boldsymbol{P}^2$ の2次曲線上の錐，

(ロ)　codim（ι の不動点集合）$=3$，W は $(\boldsymbol{P}^2, 2H)$ に対応する $\boldsymbol{P}^2(\subset \boldsymbol{P}^5)$ 上の錐．

さて(イ)がおこりうるのは $n=2$ の場合だけ，(ロ)がおこりうるのは $n=3$ の場合だけ．このとき $\mathrm{Sing}\, W$ は1点で……　〔中間を略す〕

(B)　$\deg \Phi_D = 1$ のとき（V は非特異を常に仮定する）．

$n=2$ のとき，V は K3 曲面，D は単一生成的．$g(V, D) = \varDelta(V, D) + 1$．よって，$n \geqq 3$ でも，D は単一生成的．$g(V, D) = \varDelta(V, D) + 1$．

これ以上は，一般には，はっきりわからないのですが，$D^n = 4, 6, 8$ だと大体わかる．

……………

■岩波オンデマンドブックス■

岩波講座 基礎数学
代数学 iv
可換環論

1977 年 11 月 2 日 第 1 刷発行
1989 年 1 月 6 日 第 3 刷発行
2019 年 6 月 11 日 オンデマンド版発行

著 者 飯高 茂（いいたか しげる）

発行者 岡本 厚

発行所 株式会社 岩波書店
〒101-8002 東京都千代田区一ツ橋 2-5-5
電話案内 03-5210-4000
https://www.iwanami.co.jp/

印刷/製本・法令印刷

ISBN 978-4-00-730891-8 Printed in Japan